徹底攻略

試験
番号 AZ-900

Microsoft Azure Fundamentals

[AZ-900] 対応

教科書

横山 哲也／伊藤 将人／今村 靖広 ［著］

JN248198

インプレス

本書は、「AZ-900: Microsoft Azure Fundamentals」の受験対策用の教材です。著者、株式会社インプレスは、本書の使用による「AZ-900: Microsoft Azure Fundamentals」への合格を一切保証しません。本書の記述は、著者、株式会社インプレスの見解に基づいており、Microsoft Corporation、日本マイクロソフト株式会社、およびその関連会社とは一切の関係がありません。

本書の内容については正確な記述につとめましたが、著者、株式会社インプレスは本書の内容に基づくいかなる試験の結果にも一切責任を負いません。

本文中の製品名およびサービス名は、一般に開発メーカーおよびサービス提供元の商標または登録商標です。なお、本文中には™、®、©は明記していません。

インプレスの書籍ホームページ

書籍の新刊や正誤表など最新情報を随時更新しております。

https://book.impress.co.jp/

まえがき

　クラウドサービスが一般的になり、多くの企業でサーバー構築のための最初の選択肢になりました。新たにシステムを構築する場合でも、既存のシステムを置き換える場合でも、まずクラウドを検討し、どうしてもクラウドで実現できないところをオンプレミスで補完するケースが多いのではないでしょうか。

　ITベンダーが顧客にクラウドを提案するだけでなく、顧客の側がクラウドを希望することも多いようです。そのため、ITベンダーの技術者はもちろん、営業担当者や管理職の方、一般企業のIT部門担当者など、ITにかかわるすべての人にクラウドの知識が必要になっています。

　広く一般向けに提供されているクラウド（パブリッククラウド）の代表格がAmazon Web Services（AWS）とMicrosoft Azureです（本書では原則として単にAzureと表記します）。市場シェアとしてはAWSのほうが大きいのですが、Azureの採用も増えています。今のところ、両社はお互いに機能強化やサービス向上を行っており、健全な進化を遂げています。

　本書は、Azureの知識を問う基礎資格「AZ-900: Microsoft Azure Fundamentals」についての参考書です。この資格は、Azureにかかわるあらゆる人を対象としています。営業担当者や管理職の方には少々技術レベルが高いと感じるかもしれませんが、マイクロソフトとしてはクラウドにかかわるすべての人に、一定の技術知識を持ってほしいと考えているようです。非技術者の方も、ぜひチャレンジしてください。

　そのため、執筆にあたっては、単に試験合格のための参考書とするのではなく、ビジネスの現場で技術者にも非技術者にも役立つ書籍とすることを目指しました。

　本書の執筆担当者は、いずれもマイクロソフト認定トレーナー（MCT）として「AZ-900: Microsoft Azure Fundamentals」対応の研修を提供しています。本文では、研修での経験をもとに、つまずきやすいポイントや質問の多い項目には特に詳しい解説を付けるようにしました。現場での知見は、必ず皆さんの学習の助けになるはずです。

　本書の出版にあたり、筆者の勤務先であるトレノケート株式会社ラーニングサービス部テクニカルトレーニング第4チームリーダーの多田博一氏には、執筆作業に対して多大な配慮をしていただきました。ただし、本書の執筆自体は個人的な活動であり、内容についても勤務先とは無関係であることをお断りしておきます。

2021年4月
執筆者を代表して
横山哲也

Microsoft Azureとは

　「AZ-900: Microsoft Azure Fundamentals」の学習を始める前に、Microsoft Azureの概要について紹介しておきましょう。

　Microsoft Azure（以下Azure）は、マイクロソフトが提供するクラウドサービスで、仮想マシンを中心としたIaaS（Infrastructure as a Service）機能と、アプリケーションプラットフォームとしてのPaaS（Platform as a Service）機能を提供します（IaaSとPaaSの定義は第1章を参照してください）。

　Azureの名前が最初に披露されたのは2008年でした。この時点では.NETをベースとしたPaaS機能のみを提供していました。PaaSはサーバーOSを意識しなくてよいので、開発者からは高い評価を受けました。

　しかし、既存システムの顧客から「もっと単純な仮想マシンがほしい」という要望が出てきました。そこで段階的な改良を経て、2014年にリニューアルしたのが現在のAzureです。

　また、リニューアルに伴い「WindowsとLinuxを同じようにサポートする」という決断が行われました。この決定自体は当時のCEOだったスティーブ・バルマー氏が下したものですが、Azureリニューアル直前にバルマー氏は引退し、CEOをサティア・ナデラ氏に引き継ぎました。必ずしもLinuxに好意的ではなかった過去のイメージを一新する効果も狙ったのでしょう。

　現在、Azure上で動作する仮想マシンはWindowsとLinuxがほぼ半々だそうです。また、PostgreSQLやMySQLなどのオープンソースソフトウェアのサポートも強化されており、「マイクロソフトといえばWindows」という図式は完全に過去のものとなりました。

　現在、AzureはIaaS/PaaSともに継続的な機能強化が行われており、業界2位の地位を維持しています（1位はAWS：Amazon Web Services）。

【Azureとクラウドについての関連年表】

2006年3月14日	Amazon Web Services（AWS）創業
2008年10月27日	Windows Azure発表
2010年2月1日	Windows Azure正式スタート
2014年2月4日	マイクロソフトCEOが、スティーブ・バルマー氏からサティア・ナデラ氏に交代
2014年3月25日	Microsoft Azureに改称

Azure関連のMCP試験

　マイクロソフトは、エンジニアの技術スキルを認定するために「マイクロソフト認定プログラム（MCP）」を提供しています。ここでは、MCP試験を申し込む前に必要な作業について説明します。

　マイクロソフト認定プログラム（Microsoft Certified Program：MCP）は何度かリニューアルされています。現在有効な資格は「ロール（役割）ベースの認定資格」と呼ばれており、アルファベット2文字と3桁の数字の試験コードを持ちます（例：AZ-900）。ロールベースでない資格（旧資格）は2つの数字で構成された試験コードを持ちます（例：70-740）。旧資格は2021年1月31日で認定が終了しているため、本書では扱いません。

　認定資格はロールごとに存在し、それぞれに対して以下の3つのレベルがあります。**Fundamentals**は全体の基礎であり、厳密にはロールに割り当てられてはいないのですが、ここでは一緒に扱います。

- **Fundamentals**…基礎
- **Associate**…2年程度の職歴
- **Expert**…2〜5年の技術経験

　本書が扱う「Microsoft Azure Fundamentals」を含むAzure分野の場合は、以下のようになります。MCPは、1つの試験に合格するだけで取得できる資格もあれば、複数の試験に合格する必要がある資格もあります。試験と資格が1対1に対応しているわけではないので注意してください。たとえばAZ-303試験だけに合格しても何の資格も得られません。

【マイクロソフト認定プロフェッショナル（MCP）】

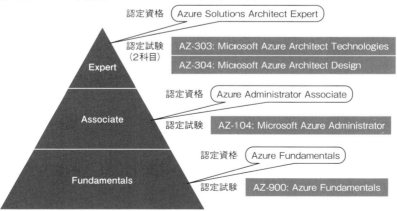

●Azure Fundamentals

　Azureの基礎知識を認定する資格です。AZ-900試験合格で取得できます。本書ではこの試験を扱います。

●Azure Administrator Associate

　Azureの基本的な管理作業を行う能力を認定する資格です。「指示どおりにできる」ことを目標とします。AZ-104試験合格で取得できます。

●Azure Solutions Architect Expert

　Azureを使ったシステム設計を行う能力を認定する資格です。「システム全体の設計ができる」ことを目標とします。AZ-303とAZ-304の2試験合格で取得できます。

> MCPは、当初「マイクロソフト認定プロフェッショナル（Microsoft Certified Professional）」と呼ばれていました。2013年からは「マイクロソフト認定プログラム（Microsoft Certified Program）」となっています。略称は同じMCPで、実質的な意味は変わっていません。

Azure関連MCP試験のリニューアル

　AZ-900試験は、2020年5月に若干の修正が行われ、11月には出題範囲の分類と出題内容が変更されました。旧試験とは試験番号は同じですが、一部内容が異なっているので注意してください。本書は、最新の試験範囲に基づいて構成されています。

　また、AZ-900試験のリニューアルに先立ち、いくつかのMCP試験が2020年3月にリニューアルされました。

　旧試験はすでに提供を停止していますが、Webなどには古い記事が残っているので、参考のため紹介しておきます。

　リニューアルされたMCP試験は以下のとおりです。

・AZ-103: Microsoft Azure Administrator → AZ-104
・AZ-300: Microsoft Azure Architect Technologies → AZ-303
・AZ-301: Microsoft Azure Architect Design → AZ-304
・AZ-203: Developing Solutions for Microsoft Azure → AZ-204

　この変更は「認定資格に必要な試験範囲にあった重複を見直す」ことを目的としたもので、取得済みの認定資格には影響しません。また、試験番号は変更されますが、試験タイトルは変更されません。内容についても、大きな変化はないようです。

AZ-900試験の概要

　AZ-900は、Microsoft Azure Fundamentals資格を取得するための試験です。本資格を取得することで、クラウドの概念を理解し、Azureが提供するサービスの機能と利用目的を知っていることを客観的に証明できます。

　出題範囲には、Azureが提供するサービスの概要のほか、特定のベンダーに依存しないクラウドの性質なども含まれます。そのため、これからクラウドを学習しようという方に最適な試験となっています。

　以下に、AZ-900試験の概要を示します。ただし、問題数に明確な規定はありません。

・所要時間
　　・試験時間：60分（途中終了可）
　　・試験説明と試験規定の同意：最大20分
・問題数：40問程度
・合格ライン：70%
・前提条件：なし
・実施会社：ピアソンVUE
・受験料：12,500円（税別。ピアソンVUEから直接購入した場合）
・実施場所
　　・ローカルテストセンター（ピアソンVUEと契約したテストセンター）
　　・オンライン（インターネット接続されたPCから受験）

オンライン受験には条件があります。詳しくは以下を参照してください。

・Pearson VUEによるオンライン試験について
　https://docs.microsoft.com/ja-jp/learn/certifications/online-exams

　なお、試験時間や価格等は、変更される可能性があります。公式サイトにて最新情報を確認してください。

・マイクロソフト認定資格
　https://docs.microsoft.com/ja-jp/learn/certifications/

AZ-900の試験範囲

AZ-900の試験範囲は2020年11月から以下のように変更されています。

・クラウドの概念（20〜25%）
・コアとなるAzureサービス（15〜20%）
・コアとなるAzureソリューションと管理ツール（10〜15%）
・一般的なセキュリティとネットワークセキュリティ機能（10〜15%）
・ID、ガバナンス、プライバシー、コンプライアンス機能（20〜25%）
・コスト管理とサービスレベルアグリーメント（SLA）（10〜15%）

パーセンテージは出題比率です。ただし、1問が複数分野にまたがることがあります。また、出題範囲で示した具体例以外からの問題が出る可能性もあると明記されています。さすがに出題範囲を逸脱することはありませんが、「たとえば○○、××、△△を含む」と書いてあった場合、○○でも××でも△△でもない内容が出題される可能性はあります。本書では、試験範囲の具体例として明記されていない場合でも、重要な概念やサービスについては積極的に取り上げています。

出題範囲を見ると「クラウドの概念」が最大25%と、かなり大きな比率になっていることがわかります。「クラウドの概念」はAzureに限らずほかのクラウドサービスにも共通する概念のため、知っておいて損はありません。しっかり学習して確実に得点したい分野です。また「コスト管理とサービスレベルアグリーメント」は、あまり変化しない内容であることから、比較的点が取りやすいのではないかと思います。以上で30〜40%をカバーします。合格ラインが70%なので、ざっと半分ということになります。

その他の分野は範囲が広い上、サービス内容も頻繁に変わります。そのため、覚えるべき内容も増えます。この分野での高得点は難しいので、「クラウドの概念」の正解率を上げておくことが重要です。

試験問題は、小規模な変更は随時、大規模な変更は数ヶ月に一度行われます。また、短期間で何度も繰り返し受験して問題を暗記しないように、受験回数には制限があります。

受験のコツ

どのような試験でも、解答手順や出題形式の理解不足で不合格になるのは避けたいものです。MCP試験を受験する場合、以下の点に注意してください。

・メモ利用のコツ
・時間配分のコツ
・出題パターンの理解

●メモ利用のコツ

MCP試験の会場には自分の筆記用具を持ち込むことはできません。その代わり、下敷き状のホワイトボード（シート）が1枚とマーカーペンが2本渡されます（会場によっては紙の場合もあるようです）。イレーサーは貸与されません。手でこすれば消えますが、大きな範囲は消せないと思ってください。シートが足りない場合は追加を要求できます。

●時間配分のコツ

試験が開始すると、右上に残り時間が表示されます。ところが、経過時間は表示されないため「今まで何分使ったのか」がわかりません。試験開始画面に表示される制限時間をメモしておくとよいでしょう。AZ-900は60分のはずですが、変更される可能性もあります。Webサイトの情報では「所要時間80分」となっていますが、これは試験開始前の説明などの時間を含めているためです。

実際には、AZ-900で試験時間が足りないということはまずないでしょう。

難しい問題は未回答のまま進めることができます。また「見直す」マークを付けておくこともできます。試験を終了する前に回答リストが表示されるので、そこで未回答問題や見直す問題を選んで、再回答してください。

●出題パターンの理解

MCP試験には、多くの出題パターンがあり、初めて受験した人は戸惑うことも多いようです。以下に動画を交えた紹介があるので、ぜひ受験前に一読してください。

https://www.microsoft.com/ja-jp/learning/certification-exams.aspx

問題エリアと回答エリアは分かれており、上下のスライダーで移動できます。スライダーの幅は十分広く、選択しやすくなっています。通常のWindows画面と異なり、「閉じる」ボタンやウィンドウメニューはありません。

【出題画面】

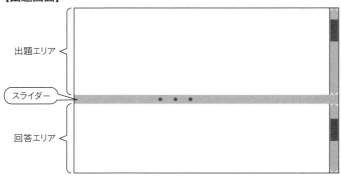

出題エリア
スライダー
回答エリア

　AZ-900試験で採用されている出題形式は以下のとおりです。ただし、今後新しい形式が追加される可能性もあります。

- **選択式**…複数の選択肢から1つまたは複数を選択します。選択する数は明記されていることが多いのですが、「すべて選びなさい」や「2つ以内で選びなさい」のように数が明記されていない場合もあります。
- **ドラッグ・アンド・ドロップ**…選択肢を並べ替えてリストを作ったり、正しい組み合わせを選んだりします。多くの場合、同じ選択肢を繰り返し使うことができます。また、まったく使わない選択肢もあります。
- **ホットエリア**…表示された画像上の領域で正しい箇所をクリックします。管理ツールの操作に関する出題によく使われます。
- **繰り返し**…ほとんど同じ問題が連続して出題されます。このパターンはあと戻りや見直しができません。たとえば、以下のように3つの問題が連続して出題されます。この場合、例1に回答して例2に進んだら、例1に戻れません。

　　例1：「AZ-900はAzureの基礎知識を確認する試験です」a）正しい b）誤り
　　例2：「AZ-900はAzureの実装能力を確認する試験です」a）正しい b）誤り
　　例3：「AZ-900はAzureの設計能力を確認する試験です」a）正しい b）誤り

1つずつ確認することで、確実に理解しているかどうかを調べるようです。
最近は、複数の問題が1画面にまとめられることが多いようです。たとえば、上記の例だと、「以下の各文が正解か、誤りかを判定しなさい」という問題文の下に、例1から例3の問題文が並ぶような形式です。繰り返し問題ではあと戻りできない複数問に分かれているのに対して、新形式では1画面に表示されます。そのため、すべての問題を読んでから回答できます。

試験の流れ

実際にMCP試験を受けるために必要な準備や当日の注意事項について説明します。

●事前準備: マイクロソフトアカウントの作成

受験の申し込みには「マイクロソフトアカウント」と呼ばれるIDが必要です。この
IDは、自分が持っているメールアドレスを登録することで取得できます。マイクロソ
フトアカウントの利用に費用はかかりません。またoutlook.comなど、マイクロソフト
が提供する無料メールサービスを契約すると、取得したメールアドレスが自動的にマイ
クロソフトアカウントとして登録されます。

Microsoft 365などで使っている企業向けのユーザーID（組織アカウント）はMCP試
験の申し込みに使えません。指定してもエラーになります。これは、MCP認定資格が
個人に紐付くものであり、所属企業とは無関係とマイクロソフトが考えているためです。

また、MCP試験の申し込みに使ったマイクロソフトアカウントを変更するのは非常
に面倒な手続きが必要です。そのため、変更が予定されているメールアドレスを使うこ
とは望ましくありません。業務上必要な資格であっても、所属企業のメールアドレスで
はなく、個人のメールアドレスを使うことを強くお勧めします。

マイクロソフトアカウント作成の具体的な手順は以下のとおりです。なお、この手順
は頻繁に変更されるので注意してください。指定項目の変更はほとんどありませんが、
画面レイアウトや入力の順序はしばしば変化します。

【マイクロソフトアカウントの作成】

https://account.microsoft.com/にアクセス

所有するメールアドレスを入力し、[次へ] をクリック

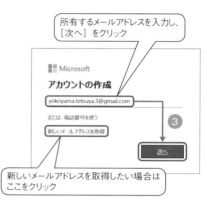

新しいメールアドレスを取得したい場合はここをクリック

[Microsoftアカウントを作成] をクリック

❶ Webブラウザーでhttps://account.microsoft.com/にアクセスする

❷ ［Microsoftアカウントを作成］をクリックする

❸ 所有するメールアドレスを入力して［次へ］をクリックする

ここで［新しいメールアドレスを取得］をクリックすると、新しいメールアドレスを作成できる（後述）

❹ マイクロソフトアカウントの新しいパスワードを入力して［次へ］をクリックする

❺ 指定したメールアドレスに確認コードが送られてくるので入力し、［次へ］をクリックする

❻ 画面に表示される崩し文字を入力し、［次へ］をクリックする

❼ 登録が完了する

　新しいメールアドレスを取得する場合は、上記③のところで［新しいメールアドレスを取得］をクリックしたあと、以下の手順で操作します。

【新しいメールアドレスの取得】

❶ 希望するメールアドレスを指定して、［次へ］をクリックする

ドメインはoutlook.jp、outlook.com、hotmail.comのいずれかを選択する

❷ 指定したメールアドレスがすでに使われている場合はエラーになるので、別の名前やドメインを指定する

❸ パスワードを指定して、[次へ] をクリックする

❹ 画面に表示される崩し文字を入力し、[次へ] をクリックする

❺ 登録が完了する

●試験の申し込み

作成したマイクロソフトアカウントを使ってMCP試験に申し込みます。MCP試験を提供しているピアソンVUE社に申し込む必要がありますが、マイクロソフトのWebサイト経由で申し込むことができます。ピアソンVUE社のWebサイトから直接申し込むこともできますが、ピアソンVUE社が扱う認定試験は非常に多いため、マイクロソフトのWebサイトを経由するほうが迷わずに済むでしょう。

具体的には以下の手順で申し込みます。

【MCP試験の申し込み手順 (1)】

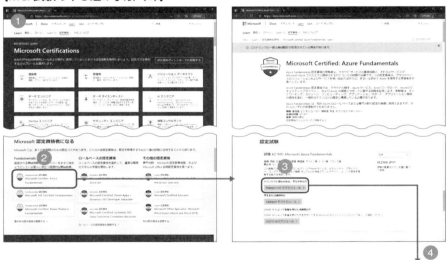

❶ Webブラウザーでhttps://docs.microsoft.com/ja-jp/learn/certifications/にアクセスする

（https://www.microsoft.com/learning/からのリダイレクトも可能）

❷ スクロールダウンして目的の認定資格（ここでは「Microsoft Certified: Azure Fundamentals」）をクリックする

❸ 認定資格のページをスクロールダウンして [Pearson VUEでスケジュール] をクリックする

❹ サインイン画面が表示されたら、MCP受験用のマイクロソフトアカウントでサインインする

同じWebブラウザーで以前にサインインしている場合、サインイン画面は出ない。

また、MCP受験用ではないマイクロソフトアカウントでサインインしている場合
は、いったんサインアウトする必要がある

【MCP試験の申し込み手順（2）】

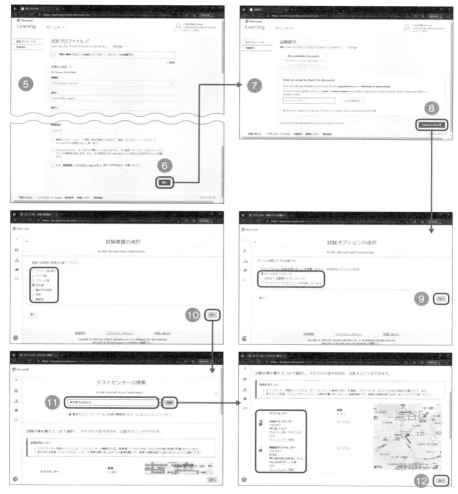

❺受験者のプロファイル画面が表示されるので、個人情報を確認する
　（変更する場合は［プロフィールを編集する］をクリックする）
　MCP受験時に身分証明書の提示が必要となるが、ここで入力した氏名が身分証明
　書の氏名と正確に一致する必要がある（詳しくは後述）
❻画面下部の使用条件に同意して、［続行］をクリックする
❼試験割引の特典を持っている場合はここで入力する

❽ [Schedule exam] をクリックする

これ以降、ピアソンVUE社のWebサイトに切り替わる

❾ テストセンターで受験する場合は [ローカルテストセンター] を、オンライン受験をする場合は [自宅または職場からオンラインで] を選択して [次へ] をクリックする

[プライベートアクセスコード] は特別な契約をしている場合に使用する

❿ 希望する言語を選択して [次へ] をクリックする

本書をお読みの方の多くは日本語を選択すると思われるが、試験によっては日本語がない場合もある（AZ-900は日本語が存在するのでご安心を）

⓫ テストセンターを検索する

既定では、登録住所の近くを自動検索し、候補が表示される。住所を修正して [検索] ボタンをクリックすることで、任意の場所を再検索できる

⓬ 検索結果から最大3つを選択して、[次へ] をクリックする

【MCP試験の申し込み手順（3）】

❸ テストセンターと日付を選択する
❹ 時刻を選択する
　この画面で、テストセンターと日時を自白に選択できる
❺ 選択内容を確認して、［次へ］をクリックする
❻ 受験ポリシーを読む
❼ 受験ポリシーを最後まで読んで、［同意します］をクリックする

【MCP試験の申し込み手順（4）】

❽ 支払い内容を確認する
❾ クレジットカード情報を登録する
⓴ MCP受験バウチャーを持っている場合は［バウチャーまたはプロモーションコードを追加］をクリックしてバウチャーコードを入力し、［適用］をクリックする（この場合、クレジットカード情報は不要）
㉑ スクロールダウンして請求書の宛先住所を記入し、［次へ］をクリックする
　実際には請求書は郵送されず、オンラインで確認する
㉒ 支払い内容を確認して［予約内容の確定］をクリックする

　以上で試験予約は完了です。完了後に表示される画面、もしくは同様の内容で送られてくるメールを保存しておくことで、領収書として使用できます。
　クレジットカードを持っていない場合は、マイクロソフトのラーニングパートナーからMCP受験バウチャーを購入できます。

●受験当日

試験当日は、試験開始15分前にはテストセンターに到着し、以下の手続きを済ませてください。

- ・入室時刻の記入と同意書へのサイン
- ・身分証明書の確認
- ・写真撮影
- ・荷物をロッカーに格納

多くのテストセンターでは、入室手続きが始まるとそのまま待ち時間なしに試験会場に誘導されます。試験監督は、試験開始直前にトイレの確認をしてくれるはずですが、入室前に済ませたほうがスムーズに受験できるでしょう。なお、試験中であっても緊急時は係員を呼び出して試験を中断し、トイレに行くことは可能です。ただし、試験時間はそのまま経過しますし、持ち物を取り出すことも許可されません。

身分証明書は2種類必要で、少なくとも1つは顔写真が必要です。利用可能な身分証明書とその組み合わせには制限があります。正確な規約はピアソンVUEのWebサイト（https://www.pearsonvue.co.jp/Test-takers/Tutorial/Identification-2.aspx）を参照してください。一般的によく使われる身分証明書は以下のとおりです。いずれも受験申し込み時に入力した氏名と完全に一致する必要があるので注意してください。通称を使っている方は、社員証とクレジットカードの組み合わせを使うことが多いようです。ただし身分証明書として使える社員証は、以下に示す条件を満たす必要があります。

●写真入り身分証明書（必須）
- ・パスポート
- ・運転免許証
- ・マイナンバーカード
- ・以下の条件を満たす社員証
  - ・氏名の記載がある
  - ・企業・団体・教育機関名またはロゴや校章の記載がある
  - ・写真が貼付されている
  - ・プラスチックカード、ラミネート加工、顔写真に割り印またはエンボス加工がある（紙製可）、のいずれか

●写真なし身分証明書
- ・クレジットカード（サイン入り）
- ・健康保険証
- ・年金手帳

正確な規定は上記のピアソンVUE社のWebサイトを参照してください。

また、受験者の写真撮影が毎回行われ、スコアレポートに表示されます。

試験会場には写真入り身分証明書1種類と、テストセンターで渡されるメモシートとペン以外は持ち込めません。電子機器はもちろん、腕時計や大きなアクセサリも禁止されています（一般的なサイズのピアスやイヤリングは問題ありません）。ロッカーが用意されているので、試験前にしまってください。ロッカーキーは会場で貸してもらえますが、会場によっては100円返却式の場合があります。念のため100円玉も用意しておいてください。

数年前から、メガネの確認も行われるようになりました。カメラ内蔵メガネ（スマートグラス）が登場しているためのようです。スマートグラスを使用しての受験は認められません。

最近ではマスクの確認も行われます。筆者が受験したときはマスクを外して裏面の提示を求められました。

●結果確認

試験結果は、受験後すぐに画面に表示されます。一部のMCP試験では後日通知される場合もありますが例外です。AZ-900試験はシステムトラブルがない限りその場で表示されます。試験結果を確認し、試験を完全に終了させてから退出してください。

退出後、カテゴリ別の得点率を含む試験結果（スコアレポート）が渡されます。MCP試験は特定のカテゴリの得点が低くても総得点が高ければ合格します。しかし、偏った知識は望ましくないので、スコアレポートを見て今後の学習の参考にしてください。なお、試験結果はピアソンVUE社のWebサイトからいつでも確認できます。

試験に合格後、認定資格を得た場合は数日以内に認定のメールが届きます。AZ-900試験の合格はそのままAzure Fundamentalsの認定となるので、必ずメールが来るはずです。認定後は、認定資格者向けサイトから認定バッジがダウンロードできるので、自分のブログや名刺に掲載することができます。

【Azure Fundamentals認定バッジ】

●再受験ルール

万一不合格になってしまったら、翌日以降（24時間以上あと）に再受験が可能です。2回目も不合格の場合、3回目以降は2週間のインターバルが必要です。同じ試験を何度も受けると、同じ問題が出題される確率が上がります。間隔を空けることで、そうしたリスクを避けているようです。また、12ヶ月間で6回以上の受験も認められません。ただし、別途再受験を申請し、認められれば受験できます。

【再受験ルール】

　なお、一度合格した試験を再受験することはできません。正確には、同じ試験番号の試験を再受験することはできません。ただし、一部の試験は例外的に再受験が可能です。たとえば、Fundamentalsと呼ばれる基礎試験（AZ-900はこれに相当します）は合格から1年後に再受験可能です。

　受験に関する不正が発覚した場合、過去に取得した全MCP資格の剥奪と、将来のすべてのMCP試験の受験禁止処置が行われる可能性があります。不正には、試験問題を漏えいさせることや、不正に入手した試験問題集の利用も含まれます。守秘義務には十分注意してください。

本書の活用方法

本書は、「AZ-900: Microsoft Azure Fundamentals」の合格を目指す方を対象とした受験対策教材です。各章は、解説と演習問題で構成されています。解説では、出題範囲を丁寧に説明しています。解説を読み終わったら、演習問題を解いて各章の内容を理解できているかチェックしましょう。また、読者限定特典として、サポートページから模擬問題1回分をダウンロードいただけます。受験対策の総仕上げとして役立ててください。

【本書のサポートページ】

https://book.impress.co.jp/books/1119101171
※ご利用時には、CLUB Impressへの会員登録（無料）が必要です。

●解説

重要語句、重要事項

本文中の重要用語や重要語句は太字で示しています。

●仮想マシン

利用者の要求に応じて、CPUコア数やメモリ量の異なるサーバーを即座に作成するため、Azureを含むほとんどのクラウドは**サーバー仮想化技術**を使います。「○○仮想化技術」とは「あたかもそこに○○があるかのように見せかける技術」のことです。

サーバー仮想化技術を使って構成したサーバーを**仮想マシン**と呼びます。英語

試験対策

理解しておかなければいけないことや、覚えておかなければならない重要事項を示しています。

試験対策 クラウドを使うことで、固定費を削減できます。変動費については必ずしも下がるとは限りませんが、下げる工夫が可能なので、「変動費も下がる」と理解してください。

参考

試験対策とは直接関係ありませんが、知っておくと有益な情報を示しています。

参考 クラウドが提供するサーバーは、CPUコア数やメモリ量などの組み合わせが決まっており、普通は好きな値に設定することはできません。一般には、CPUコア数を増やすとメモリ量も増えてしまいます。これを「カタログ方式」と呼びます。カタログ方式は、完全に自由な構成にできないという欠点はありますが、価格と性能のバランスを考えて構成されているため、どのサイズを選んでも安心して利用できます。

コラム

試験対策や実用的な知識ではありませんが、知っているとより深く理解できる情報を示しています。

コラム NISTの本来の役割は度量衡、つまり重さや長さの基準を管理することです。日本の場合 国立研究開発法人産業技術総合研究所（産総研）や国立研究開発法人情報通信研究機構（NICT）が同様の役目を担っています。

●演習問題

問題

問題は選択式（単一もしくは複数）です。

1 クラウドコンピューティングを利用した場合の利点として、適切なものを1つ選びなさい。

A. 専用の回線を使うので安全
B. 組織ごとにハードウェアを占有できるので安定した利用が可能
C. 使った分だけ払うので無駄がない
D. 常に同じ金額なので予算が立てやすい

目次

第1章

クラウドの概念

1-1 クラウド以前のIT環境

クラウドの話に入る前に「サーバー」とは何かを確認し、クラウドが登場する前のIT環境について説明しておきます。

1 サーバーとは何か

　個人用に設計されたコンピューターが「パーソナルコンピューター」、通称パソコン（PC）です。

　これに対して「（多くの人が同時に利用できるような）サービスを提供するコンピューターやプログラム」を**サーバー**と呼びます。サーバー機器に直接触れる機会は少ないかもしれませんが、サーバーが提供するサービスは毎日のように使っているはずです。WebブラウザーでWebページを表示できるのは、Webサーバーがあるからですし、送信した電子メールがきちんと相手に届くのもメールサーバーがあるからです。多くのゲームにもゲーム用のサーバーが存在します。大量のデータを保持し、高速に検索できるデータベースを提供するサーバー（データベースサーバー）もビジネスではよく使われます。

　サーバーに対してサービスを要求する機能を**クライアント**と呼びます。クライアントは「顧客」「依頼人」という意味です。たとえば、WebブラウザーはWebサーバーに対するクライアントで、Webサーバーに対して情報を要求（リクエスト）し、Webサーバーは要求に応えて文字や画像情報を返します（レスポンス）。

　「クライアント」は、Webブラウザーやメールアプリなどの「クライアントソフトウェア」を指す場合と、PCやスマートフォンなどの「クライアントハードウェア」を指す場合があるので注意してください。「サーバーが提供するサービスを利用するモノ」は、ハードウェアでもソフトウェアでもすべて「クライアント」と呼びます。

【サーバーとクライアント】

リクエスト

レスポンス

クライアント
（Webブラウザー）

Webサーバー

　サーバーが壊れてしまうと、そのサーバーを使っている多くの人が困ります。そのため、サーバーの停止は極力避けなければなりません。そこで、サーバーは社内ではなく

データセンターと呼ばれる特別な建物内に設置するのが一般的です。データセンターは耐震耐火構造を持ち、停電に備えた自家発電装置を備えているほか、不法侵入を避けるために入退館が厳しく制限されています。

2　データセンターとネットワークの利用

　データセンターに設置されたサーバーは、ネットワークを使ってクライアントと通信します。多くの場合、安定して安全に使えるように専用回線を使いますが、最近はインターネットを使うことも増えているようです。インターネットは不特定多数の組織が利用するため、セキュリティリスクがあったり、回線速度の安定性が保証されなかったりします。そのため、通信を暗号化してセキュリティリスクを軽減したり、ネットワーク回線を複数契約して1つの回線が障害を起こしても通信が途絶えないようにしたりします。

【データセンターの利用】

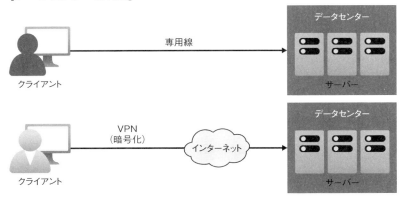

　データセンターに使う建物を自社で用意するのは大きなコストがかかるので、専門業者が設置したデータセンターを間借りすることがあります。現在では、自前のデータセンターを持つ企業は少なく、データセンター業者の場所を借りている企業のほうが多いくらいでしょう。

　ただし、単なる「間借り」なので、設置するサーバーの準備やソフトウェアの設定は自前で行う必要があります。賃貸契約オフィスでは机や椅子を自前で調達しなければならないように、データセンターを借りていてもサーバー調達は自社の仕事です。

3 クラウドの登場

　一般に、サーバーの発注から納品までは数日から数週間かかりますし、不要になった場合に廃棄するのも面倒です。「テストのために、今から3日間だけ使いたい」といった状況に臨機応変に対応するのは難しいでしょう。必要なサーバーを必要なだけすぐに用意してくれるサービスがあれば便利です。これが**クラウドコンピューティングサービス**です。単に**クラウド**と呼ぶことも一般的になっています。

　クラウドコンピューティングサービスでは、サーバーだけではなく、ハードディスクやSSD（総称して**ストレージ**と呼びます）、ネットワーク機器などを、インターネット経由で即座に利用できます。料金は使った分だけしかかかりません。インターネット経由ですから、世界中どこからでも使えます。しかも、不要になったら管理ツールから削除を指示するだけでよく、面倒な廃棄手続きも必要ありません。

【クラウドの利用】

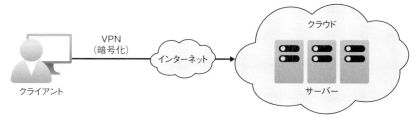

　クラウドが登場してから、従来の自社で所有するサーバー環境を**オンプレミス**（on-premises）と呼ぶようになりました。「premises」は「土地・建物」の意味で、常に複数形で使います。

　クラウドを提供する業者のことを**クラウドプロバイダー**（クラウド提供者）と呼びます。**クラウドベンダー**と呼ぶこともあります。

1-2 クラウドの利点と注意点

ここからは、Webサーバーを例に、クラウドを使うことによる具体的な利点と、注意すべきことを説明します。

1 クラウドの定義

　クラウドの定義について、サーバー調達と構成変更を例に説明します。たとえばテスト用Webサーバーの調達を考えてみましょう。通常、Webサーバーを構築する場合、オンプレミスでは以下の作業が必要になります。括弧内は最短の場合です。実際には、サーバーの納期は数週間かかることもありますし、OSのインストールやWebサーバーの構成に1日以上かかることもしばしばあります。

① サーバーの発注（納期に数日）
② サーバーの設置（数分）
③ OS（Windows ServerやLinuxなど）のインストール（数十分）
④ Webサーバーの構成（数分）

　サーバーの納品にかかる時間が最も長いことがわかります。しかも、設置作業を行うにはデータセンターに出向く必要があります。
　このように、オンプレミスのサーバーは調達から初期設定まで多くの時間と手間がかかります。クラウドコンピューティングサービスは、こうした手間を削減するために登場しました。クラウドを利用してWebサーバーを構築する場合、以下の手順で完了します。

① サーバーの構成の指示（数分）
② Webサーバーの構成（数分）

　「サーバーの構成の指示」には、CPUコア数やメモリ量、ディスクの接続台数、OSの種類（Windows ServerかLinuxか）などを含みます。クラウドを使えば、オンプレミスのサーバーの発注書を作成する時間くらいで、すべての作業が完了してしまうでしょう。

　クラウドでの作業は非常に簡単なため、必要に応じて、（ITベンダーの助けを借りず）自分だけで作業できます。このように、需要に応じて自分で作業するという特徴を**オンデマンドセルフサービス**（On-demand self-service）と呼びます。

　オンデマンドセルフサービスが可能なのは、クラウドのデータセンターに大量のサーバーをプールしており、要求があれば誰にでも割り当てることができるからです。このような特徴を**リソースの共用**（Resource pooling）と呼びます。

　しかも、すべての作業はWebブラウザーから操作するだけで完了するため、場合によっては自宅からでも設定できます。このように、ネットワークを使ってどこからでも作業できることを**幅広いネットワークアクセス**（Broad network access）と呼びます。

　サーバーを調達してテストをした結果、メモリ量が足りないことがわかったとします。オンプレミスの場合は、以下の手順が必要です。

　① そのサーバー機器に、メモリ増設が可能かどうかの確認
　② メモリ増設可能ならメモリの発注、不可能なら別のサーバーを発注
　③ 納品待ち
　④ 設置作業

　またもや数日が過ぎてしまいます。もちろん、設置作業はデータセンターに出向く必要があります。

　これに対して、クラウドを利用すると次の手順で完了します。

　① サーバーのサイズ（CPUコア数とメモリ量などの設定セット）の変更
　② サーバーの再起動

　通常、この作業は数分以内で完了します。もちろん、データセンターに出向く必要もありません。サイズ変更が簡単にできることを**迅速な伸縮性**（Rapid elasticity）と呼びます。

　オンプレミスのサーバーは構成変更に時間がかかるため、変更せずに済むよう事前に綿密な準備をするか、余裕を持った構成にしておきます。しかし、綿密な準備は時間がかかりますし、余裕を持った構成は費用がかさみます。クラウドの場合は、実際にやってみて性能不足ならCPUコアやメモリを増やし、余っていれば減らすということが簡単にできます。クラウドの料金に性能ごとに設定された時間あたり単価で計算されるため、性能が高く使用時間が長いほど費用がかかり、性能が低く使用時間が短いほど安くなります。このように利用状況を計測し、計測結果によって課金することを**計測可能なサービス**（Measured Service）と呼びます。

　なお、実際の課金単位時間はサービスごとに違います。Azureの場合、サーバーは1分単位の課金ですが、ネットワーク機器などは1時間単位のことが多いようです。

クラウドの定義で最も有名で、広く受け入れられているのは米国NIST（National Institute of Standards and Technology）の文書「The NIST Definition of Cloud Computing」です。独立行政法人情報処理推進機構（IPA）による日本語訳「NISTによるクラウドコンピューティングの定義」も公開されています。実質的には3ページ弱の短いものですので、ひととおり目を通しておくことをお勧めします。

・英語版：https://csrc.nist.gov/publications/detail/sp/800-145/final
・日本語訳：https://www.ipa.go.jp/files/000025366.pdf

NISTの本来の役割は度量衡、つまり重さや長さの基準を管理することです。日本の場合、国立研究開発法人産業技術総合研究所（産総研）や国立研究開発法人情報通信研究機構（NICT）が同様の役目を担っています。

●仮想マシン

利用者の要求に応じて、CPUコア数やメモリ量の異なるサーバーを即座に作成するため、Azureを含むほとんどのクラウドは**サーバー仮想化技術**を使います。「○○仮想化技術」とは「あたかもそこに○○があるかのように見せかける技術」のことです。

サーバー仮想化技術を使って構成したサーバーを**仮想マシン**と呼びます。英語のマシン（machine）は機械一般を指しますが、IT分野で扱う「マシン」はたいていコンピューターを指します。

これに対して、データセンターにある実際のコンピューターを**物理マシン**と呼びます。物理的な実体を持つコンピューターなので「物理マシン」です。

サーバー仮想化技術を使うことで、たとえば、16コアCPUと128GBのメモリを持つ物理マシンに対して、2コアCFUと8GBメモリの仮想マシンを何台も作り出すことができます。

【仮想化】

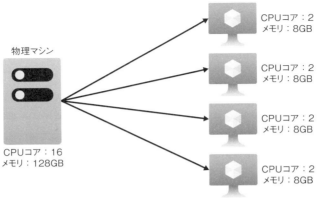

物理マシン

CPUコア：16
メモリ：128GB

CPUコア：2
メモリ：8GB

CPUコア：2
メモリ：8GB

CPUコア：2
メモリ：8GB

CPUコア：2
メモリ：8GB

実際の物理マシンの仕様は非公開
Azureの場合、物理CPUコア1基あたり、仮想CPUコア1基または2基が割り当てられる

Azureの仮想マシンは、物理CPUコア1基あたり、仮想CPUコア1基または2基
が割り当てられます。詳しくは以下を参照してください。

・Azureコンピューティング ユニット（ACU）
　https://docs.microsoft.com/ja-jp/azure/virtual-machines/acu

クラウドが提供するサーバーは、CPUコア数やメモリ量などの組み合わせが
決まっており、普通は好きな値に設定することはできません。一般には、
CPUコア数を増やすとメモリ量も増えてしまいます。これを「カタログ方式」
と呼びます。カタログ方式は、完全に自由な構成にできないという欠点はあ
りますが、価格と性能のバランスを考えて構成されているため、どのサイズ
を選んでも安心して利用できます。

　クラウドでは、CPUやメモリ量をあまり意識せずに各種のサーバー（Webサー
バーやデータベースサーバーなど）を作る機能があります。「サービスを提供する
コンピューター」がサーバーですが、クラウドのこれらの機能についてはコン
ピューターとしての実体を意識することなく利用できるため、「サーバー」ではな
く単に**サービス**と呼びます。Webサーバーの機能を実現するのが「Webサービス」、
データベースサーバーの機能を実現するのが「データベースサービス」です。

一方、クラウドで構成する仮想マシンに各種のサービス提供機能（たとえばWebサービス機能）を構成すると「サーバー」になります（この場合はWebサーバー）。仮想マシンを使っても、クラウドが提供するサービスを使っても、結局は同じ機能を利用できますが、使い勝手に差があります。仮想マシンを使ったほうが自由な設定ができる反面、管理は面倒です。クラウドが提供するサービスを使うと、設定可能な項目は限られますが、クラウドが管理作業の多くを代行してくれるため、簡単に利用できます。

仮想マシンは、ほとんどの場合サーバーとして使われます。そのため「仮想マシン」ではなく**仮想サーバー**と呼ぶことがあります。厳密には「コンピューター」が「仮想マシン」、仮想マシン上で何らかのサービスが提供される場合が「仮想サーバー」ですが、一般的にはあまり区別されずに使用されることも多いようです。一般的な会話ではだいたい同じものと考えて構いません。MCP試験でも特に区別なく使われています。

【仮想マシンとサーバー】

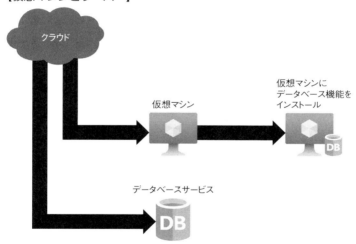

ここで、改めてクラウドの特徴についてまとめておきます。それぞれ、オンプレミスのサーバーに対してどのような優位点があるのかをしっかり理解してください。

●オンデマンドセルフサービス（On-demand self-service）

利用者は、サービスの提供者（クラウドプロバイダー）と直接やり取りすることなく、必要なときに自力でサーバーを調達して構成します。**オンデマンド**（需要に応じてすぐに対応）と**セルフサービス**（自分で対応する）は、クラウドコンピューティングの中でも特に重要な特徴です。ITベンダーを利用する場合でも、クラウド導入の効果を期待どおりに得るには、ベンダーに任せきりにするのでは

なく、必ず利用者が主導権を握る必要があります。クラウドを導入しても思った成果が上げられていない企業の多くは、ITベンダーに丸投げしていることが多いようです。

　オンプレミスの場合は、サーバーの調達やOSの構成を行う必要があります。個々の設定は複雑なため、ITベンダーに依頼することが一般的です。場合によってはデータセンターとの契約も必要です。そのため、クラウドに比べると時間と費用がかかります。

●幅広いネットワークアクセス（Broad network access）

　サーバー構成としては、一般的なネットワーク技術、通常はインターネットを使います。インターネットという、幅広く利用されているインフラを使うからこそ「オンデマンドセルフサービス」が実現できます。クラウドの利用に専用の回線契約が必要であれば「オンデマンド」は実現できませんし、特殊な技術が使われていたら「セルフサービス」も難しいでしょう。

　オンプレミスの場合は、データセンターに出向いて作業するのが一般的です。遠隔作業も可能ですが、特別な手順が必要な場合があります。

　インターネットを使うことは、セキュリティや安定性に対するリスクとなります。専用回線を使った接続サービス（AzureではExpressRoute）も提供されていますが、高価になります。

●リソースの共用（Resource pooling）

　クラウドプロバイダーは巨大なデータセンターにコンピューティング能力を集中させ（プール）、その一部を利用者に貸し出します。これにより利用者は初期投資なしに必要なだけコンピューターを使えます。リソースの共用が行われておらず、必要に応じて専用のサーバーを調達する方式では「オンデマンド」は実現できません。

　オンプレミスの場合は、自社専用でありリソースは共用しません。

【リソースプール】

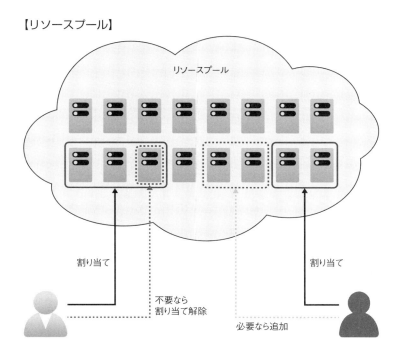

●迅速な拡張性（Rapid elasticity）

サーバーの能力は、伸縮自在に割り当てが可能で、上限を意識する必要はありません。また、不要なリソースはすぐに解放できます。伸縮自在だからこそ「オンデマンド」の特徴が活かされます。

オンプレミスの場合は、納期の問題があるため迅速な拡張ができません。そのため、時間をかけて綿密な性能予測をするか、予算を増やして余裕のある高性能サーバーを購入する必要があります。

●計測可能なサービス（Measured Service）

サービスの利用状況は計測され、課金やさまざまな制限に使用されます。使った分だけ課金する利用モデルを**消費ベースモデル**と呼びます。クラウドのサーバーは使った分だけ課金されるため、毎月少額の支払いで済みます。また、使用を控えれば支払額は減ります。ただし、少し使うだけでも少額の課金が行われることに注意してください。「Measured Service」を「従量課金」と意訳する場合もありますが、計測の目的は必ずしも課金だけではありません。速度制限や容量制限にも利用されます。

オンプレミスの場合は、サーバーの購入は「資産」であり、最初に大きな出費が発生します。会計的には、数年かけて減価償却するわけですが、何らかの事情で使われなくなってしまったサーバーは「不良資産」となります。

　以上のことを総合すると、要するに「必要な機能を、必要なときに、必要なだけ使って、使った分だけ払う」のがクラウドの特徴です。
　さらにNISTでは、クラウドを3つのサービスモデルと、4つの展開モデルに分類しています。これらについては本章の後半で学習します。

試験対策　クラウドの基本的な特徴は「オンデマンドセルフサービス」「幅広いネットワークアクセス」「リソースの共用」「迅速な拡張性」「計測可能なサービス」の5つです。

試験対策　クラウドの利点は、しばしばオンプレミスとの比較で語られます。そのため、オンプレミスの基本的な欠点と、その欠点を解消するためのクラウドの機能については、対応付けて覚えてください。

コラム　クラウドの「Measured Service」は携帯電話のパケット料金を考えるとわかりやすいでしょう。パケット料金は単価が設定されており、「使った分だけ支払う」というのが原則です。しかし、定額契約をしている場合は使用量にかかわらず金額が一定です。ただし定額契約をしていても、1ヶ月あたり一定の利用量（たとえば5 GB）を超えると速度制限が適用されます。速度制限が可能なのは、パケット使用量を常に計測（measure）しているからです。
　ちなみにIBM Cloudでは、仮想マシンごとのネットワーク利用料金プランが用意されています（AzureやAWSは全仮想マシンの利用量が合算されます）。Webサイトを見ると、最上位プランは「Unmetered USD 2,000 per month（無制限：1ヶ月あたり2,000米ドル）」と表現されています（日本語Webサイトでは「毎月定額USD 2,000」）。「unlimited」や「limitless」ではありません。meterはmeasureと同じく「計測する」という意味です。つまり「単に無制限というだけでなく、（計測していないから）どんな制限もない」ということを意味しているのだと思われます。

2　サーバーの運用

　ここまでで、クラウドを使ったサーバー調達の説明をしました。ここからは、サーバーの運用、つまり、調達したサーバーを使って、社員なり顧客なりにサービスを提供する話に変わります。

サーバーの運用では以下のことが重要です。

- **いつでも使えるのか？**…1日24時間週7日、停止することなく使いたい
- **どこかが壊れても大丈夫か？**…一部が壊れてもサービスは止まらない
- **大地震や津波で全部が壊れても大丈夫か？**…全部が壊れてもすぐ切り替え可能
- **性能不足にならないか？**…どんどん性能を上げていける
- **利用者が増えても大丈夫か？**…負荷が増大しても安定して動作する
- **要件が頻繁に変わるのだが大丈夫か？**…変化に素早く対応

オンプレミスでこうした要求に応えるには、大きな投資が必要になります。一方、クラウドでは最小限の支出ですべてが実現できます。また、基本的な考え方が違う部分もあります。オンプレミスとクラウドで同じ部分と違う部分を意識して理解してください。

●高可用性（high availability：HA）…いつでも使いたい

　　利用者にとって重要なことは「いつでもそのサービスが使える」ということです。「そのサービスが使えるかどうか」「サービスが使える度合い」を**可用性**（availability）と呼びます。

　　「アベイラブル（available）」は「入手できる」「利用できる」という意味で、その名詞形がavailabilityです。可用性が高い、つまり「いつでもサービスを利用できる能力」を**高可用性**（high availability）と呼びます（略称はHA）。高可用性は「サービスが止まらない」という意味で使い、内部的な障害が部分的に発生することは許容します。

　　たとえば、多くのコンビニエンスストアは1日24時間週7日営業しています。つまり、コンビニエンスストアは高可用性を実現しているといえます。しかし、店員が「急病で倒れた」「交通遅延で遅刻する」といったトラブルは日常的に起きています。こうした場合、店長の判断で、少ない店員で営業したり、代理の店員を手配したりするでしょう。

　　ITシステムで「少ない店員でやりくりする」とは、障害を起こしたサーバーを取り除いて少ない台数でサービスを継続することです。これを**縮退運転**または**縮退運用**と呼びます。

【高可用性の例】

普段はA、B 2台のサーバーで
サービスを提供

サーバー Bが停止した場合、
Aのみでサービスを提供（縮退運転）

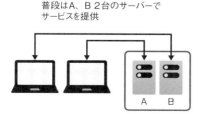
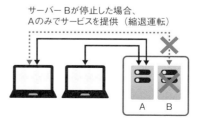

一方「交代要員（代替となるサーバー）を瞬時に手配する」ことを**フェールオーバー**と呼びます。

障害発生に備え、あらかじめ交代要員（予備）を用意しておくことを**冗長化**といいます。冗長化は大きく2種類に分けられます。予備の設備に他の処理を行わせず待機させておく方式と、普段から余裕のある構成で運用し、一部に障害が発生しても残りの設備だけで動作できるようにしておく方式です。たとえば、店舗に最低限、2人の店員がいないと運営できないコンビニエンスストアであれば、いざというときに備えて3人目に自宅待機させておく方式と、常に3人を店舗に勤務させる方式があります。どちらを使うかはサービス設計者が決めます。

冗長化することでコストはかさみますが、可用性は高まります。クラウドでもオンプレミスでも、可用性を高めるために二重化（同じものを2つ用意する）または三重化が行われます。

ほとんどのITシステムで高可用性が求められますが、クラウドでは特に重要です。それは、クラウドが提供するサービスが自社の管理下になく、いつ停止するか自社のIT部門では責任が持てないためです。クラウドを使うときは「サービスが止まる可能性」を常に意識しておく必要があります。

ただし、これは「クラウドは止まりやすい」というわけではありません。クラウドの可用性は、適切に管理されたオンプレミスのITシステムと大きく変わらないとされています。可用性の高い低いではなく、自社でコントロールできるかできないかという点が重要です。

●フォールトトレランス（fault tolerance：FT）…一部が壊れても大丈夫

「サービスがいつでも使える」ということは、「障害があっても耐えられる」ということになります。IT分野では、「障害があってもサービスが停止しない能力」を**フォールトトレランス**（fault tolerance）または**耐障害性**と呼びます（略称はFT）。「高可用性」は「障害の有無にかかわらずいつでも使えること」で、「フォールトトレランス」は「障害があっても利用可能であること」なので、結局は同じ意味を指しています。

AZ-900の試験項目としても、FTは独立した項目としては存在しませんが、重要な考え方なのでHAとセットで理解してください。

●災害復旧（disaster recovery：DR）…全部が壊れてもすぐ切り替える

高可用性構成にすることで、いつでもサーバーが使えるようになります。しかし、本当に「いつでも」といえるでしょうか。大規模な災害などでデータセンターが丸ごと停止したらどうでしょう。

通常、高可用性は同一のデータセンターや同一の地域に複数のサーバーを配置（冗長化）することで実現しています。そのため、データセンターが丸ごと停止した場合や、巨大な災害で地域が全滅した場合は対応できないかもしれません。たとえば、電力会社の送電線障害などはデータセンターではなかなか対応できません。

「大規模災害などによるサービス停止から復旧すること」を**災害復旧**（disaster recovery）と呼びます（略称はDR）。「災害復旧」は、大規模災害などによる障害が起こったあとで迅速に復旧することが目的です。

災害復旧の主な手法は以下の3種類です。どの方法を使うかは、許容される停止時間と作業の手間、そして予算によって選択します。

・データセンターをまたいだ高可用性構成
・地域をまたいだ複製
・バックアップ

● データセンターをまたいだ高可用性構成

多くのクラウドには、数kmから数十km離れた場所にある複数の仮想マシンを使って高可用性を実現する機能があります。このとき、単一の、または近接するデータセンター群をまとめて**可用性ゾーン**（Availability Zone：AZ）と呼びます。複数のAZに分散して冗長化をした場合、切り替えにかかる時間はほぼゼロです。

オンプレミスでデータセンターをまたいだ高可用性構成を実現するには、別のデータセンターと契約する必要があります。しかし、何年かに1度しか起きないような災害のために大きなコストをかけるのは現実的ではありません。

● 地域をまたいだ複製

たとえば、普段は東京で稼働しているサーバーの予備を大阪に用意しておき、災害発生時にすぐ切り替える方法があります。予備機には、本番機のデータを数分おきにコピーすることで、最新データを保存します。Azureにはこうした複製を自動化する機能が提供されています。この場合、複製からサーバーを復旧するのにかかる時間は数分程度です。

データセンター管理地域の単位を**リージョン**といいます。Azureには、別のリージョンまたは別のAZに対してデータを複製する機能が備わっています。Azureでは、リージョンの場所は都道府県まで公開されています。日本には東日本リージョン（東京と埼玉）および西日本リージョン（大阪）があります。そのため、東日本のデータを西日本に複製しておくことができます。AZ間が数km〜数十km離れているのに対して、リージョンは数百kmも離れています。またAZの場所は公開されていません。たとえば東日本リージョンは東京と埼玉にまたがっており、3つのAZが存在します。しかし、3つのAZのどれが東京でどれが埼玉かは公開されていません。よって、別リージョンに複製するほうが安全ですが、複製のための通信料金が増えるなどの欠点があります。

オンプレミスでは、別地域のデータセンターと契約した場合、現地に出かけるために何時間もかかってしまいます。クラウドではインターネットを使ってあらゆる作業をどこからでも行えます。

● バックアップ

　地域をまたいだ高可用性構成や複製構成は案外面倒です。そこで「どうせ滅多にないことだから、復旧に少々時間がかかっても手軽な方法を選ぼう」という場合もあります。どの程度の停止時間を許容するかはビジネス上の要求によります。

　Azureを含め、多くのクラウドはバックアップサービスを提供しています。バックアップからの復元にかかる時間は数分から数十分程度です。

　オンプレミスの場合、バックアップからの復元は滅多に行う作業ではないため、しばしばトラブルが発生します。クラウドのバックアップと復元はほとんどが自動化されており、ミスの発生する余地が少なくなっています。

● RPOとRTOの最小化

　バックアップを行ってから障害が発生するまでの時間を**RPO**（Recovery Point Objective）と呼びます。最後のバックアップから障害が発生するまでの間にもデータは蓄積されているはずなので、RPOは「失われた時間（データが失われる期間）」を意味します。

　これに対して、障害発生から復旧までの時間を**RTO**（Recovery Time Objective）と呼びます。RTOは「サービスが利用できない時間」です。

　RPOとRTOはどちらもゼロとなるのが理想的です。Azureの「サイトリカバリサービス」を使うことで、RPOを数分、RTOを数十秒に抑えることができます。

【RPOとRTO】

試験対策　クラウドの障害対策として「高可用性」と「フォールトトレランス」を利用する場合は、ほぼ無停止でサーバーを継続利用できます。「災害復旧」を利用する場合は、数分から数十分の復旧時間を許容するのが一般的です。

● スケーラビリティ（scalability）…どんどん性能を上げていける

　単に使えるだけでなく、快適に使いたいという要求もあります。「サービスは起動しているのだが、どうも反応が悪い」というのでは使う気をなくします。「応答時間が1秒遅くなると1割の機会損失」という説もあるそうです。ただし、性能は高ければ高いほどよいわけではありません。性能を上げることでコストも上昇するため、必要以上の性能は無駄なだけです。

　コンピューティング能力を増やしたり減らしたりできること、特に「自由に増やせる能力」を**スケーラビリティ**（scalability）と呼びます。また、サービス規模を大きくできることを「スケールする（scaling）」というように動詞としても使います。多くのクラウドは、高いスケーラビリティを持ちます。

　スケーラビリティには、単体性能を上げる**スケールアップ**（**垂直スケーリング**）と、台数を増やすことで全体性能を上げる**スケールアウト**（**水平スケーリング**）があります。

【スケールアップとスケールアウト】

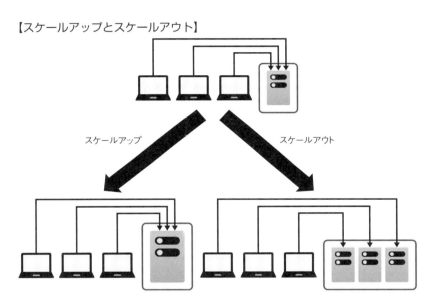

　ここで、多くの荷物をトラックで運ぶことを考えてみましょう。この場合、大きなトラックを使う（たとえば軽トラックを4トントラックにする）方法と、多くのトラックを使う方法があります。多くのトラックで分担するほうが、より多くの荷物に対応できます（スケールします）。一方で、そもそも荷物が分割できない場合は分担することができないため、トラックのサイズを大きくする必要があります。トラックのサイズを大きくするのがスケールアップ、多数のトラックで分担するのがスケールアウトに相当します。

　スケールアップは、サーバーの処理能力を向上させるため、たいていのサービスで能力を拡大できます。軽トラックよりも4トントラックのほうが、常に大きな荷物を多く運べるのと同じです。しかし、スケールアップの性能向上幅はそれほど大きくありません。たとえば40トンの荷物を搭載可能なトラックは一般には入手できません（大型トラックの最大積載量は20トンから25トンです）。また、スケールアップ（およびその逆のスケールダウン）には、ほとんどの場合サーバーの再

起動が必要です（Azureの場合は再起動が必須です）。

　一方、スケールアウトは適用可能な領域が限られます。効果的なサービスの代表例がWebアプリケーションです。Webアプリケーションを提供するWebサーバーは、大量の荷物（クライアント）をさばくための分担が簡単だからです。しかし、リレーショナルデータベース（RDB）に対する効果は限定的です。データベースの構成によってはスケールアウトがまったく使えません（使えないほうが多いくらいです）。RDBは1ヶ所で集中管理するため、大きくて重い荷物のようなものだからです。

　このようにスケールアウトには本質的な制約があるものの、サーバーの台数を増やすだけで実現できるため性能向上の幅が大きいこと、停止したサーバーを分担対象から外すことで高可用性構成を兼用できることから、クラウドでは好んで利用されます。またスケールアウト（およびその逆のスケールイン）にはサーバーの再起動が不要であることも利点です。

　クラウドの場合、スケールアップは常に数分で構成可能です。スケールアウトは、事前にスケールアウト可能な状態で構成していれば、やはり数分でサーバーを追加できます。

　オンプレミスの場合、スケールアウトはサーバーの追加が必要なので、納期がかかります。スケールアップはサーバーの交換なので、納期に加えてサーバーの入れ替え作業も必要です。どう考えても数分でできることではありません。

●弾力性（elasticity）：利用者がいくら増えても大丈夫

　負荷に応じてコンピューティング能力が自動的に変化することを**弾力性**（elasticity）と呼びます。形容詞は「elastic」で「伸び縮みする」という意味です。

　弾力性とスケーラビリティは非常によく似た概念で、実際に同じ意味で使う人もいますが、目的が違います。「負荷に応じて自動的に調整する機能」を「弾力性」と呼び、「必要に応じて性能を上げることができる能力」を「スケーラビリティ」と呼びます。結果的には同じ技術を使うことが多いのですが、目的が違うため異なる言葉が割り当てられています。

　クラウドが提供するサービスの多くは弾力性を持ち、負荷に応じて能力を自動的に調整します。またスケーラビリティを持つため、スケールアウトやスケールアップを使って管理者が自由に性能を設定することもできます。そのため、オンプレミスほど厳密な負荷分析をする必要はありません。多くのサービスは何も考えなくても所定の性能を発揮できますし、試しに利用して、性能に過不足があれば調整すればよいわけです。もちろん、料金は実際に使った分だけしかかかりません。

　オンプレミスの場合、サーバーの調達には数日から数週間かかるため、必要な能力をあらかじめ予測する必要があります。また、急な負荷に備えて余裕を持た

せることも重要です。しかし、ピークに合わせてサーバーを調達すると、ピーク以外の時間帯はサーバーが無駄に動いていることになります。

試験対策　必要なときに必要な能力を即座に得られ、使った分だけ払えばよいのがクラウドの利点です。過剰な投資は不要ですし、厳密な負荷予測も必要ありません。

●アジリティ（agility）：変化に素早く対応

ここまでに「いつでも快適にサービスが使える」という話をしました。しかし、「いつまでも同じサービスしか提供しない」というのも困ります。いつでも快適に使えるだけではなく、状況に合わせてサービスを改善し、ユーザーが必要とする新しい機能を提供できるのが理想です。

クラウドの利点は、何事も迅速にできることです。これを**アジリティ**（agility）または**迅速性**と呼びます。「機敏性」とも呼びます。アジリティは、クラウドの特徴の1つ「オンデマンドセルフサービス」、特に「オンデマンド」の部分を支える考え方です。クラウドを使うことで、従来のサーバーに比べて、圧倒的に素早く構成できるため、ビジネスのあり方も大きく変化します。

物理的なサーバーの場合、発注から納品まで、早くても数日以上かかりますし、廃棄手続きはもっと面倒です。そのため、何台のサーバーをいつ頃発注するかは非常に重要です。また、入手したサーバーをいつまで使うかという「ライフサイクル」をあらかじめ考えておく必要もあります。

一方、クラウド上に仮想マシンを新規作成するために必要な時間はわずか数分です。廃棄（削除）にはコストはかからないので、必要なときに必要なだけ使って、使い終わったら削除することができます。朝作って夜に削除することも可能です。

新しいビジネスをスタートする場合、必要最小限のサーバーでスタートして、規模が大きくなれば台数を増やしたり性能を上げたりできます。もしビジネスが失敗しても、最小限の損失で済むため、気軽にスタートできます。

オンプレミスの場合でも仮想サーバーの導入は進んでいますが、十分な量の仮想マシンを自由に作るだけの余裕がある組織は少ないようです。クラウドでは、十分なリソースがプールされており、安心して使うことができます。

試験対策　「高可用性」「フォールトトレランス」「災害復旧」「スケーラビリティ」「弾力性」「アジリティ」はクラウドの機能を表すのに重要な用語です。どのような意味を持ち、どのようなシーンで役立つのかをしっかり理解しておきましょう。

1-3 会計面から見たクラウド

ここまでで、クラウドの主な概念を、使い勝手のよさや機能面から説明してきました。ここからは会計的な側面から説明します。すでに説明した内容との重複もありますが、技術面ではなく、会計という観点からクラウドの特徴について理解を深めてください。

1 規模の経済：安く上げたい

　ビジネスにおいて「経費は小さく、利益は大きく」というのは大原則です。サーバーを安く使うことができれば、それに越したことはありません。クラウドでは、巨大なデータセンターを作ることでハードウェア調達コストと運用コストを下げています。

　大量生産は、製品単価を下げるために大きな効果をもたらします。それと同様に、データセンターも大規模であるほど費用効率が高くなります。2009年に発表された論文[※1]では、サーバー1,000台クラスのデータセンターと5万台クラスのデータセンターを比較しています（調査は2006年）。その結果、ネットワーク、ストレージ、システム管理、いずれにおいても5〜7倍のコスト差があったということです（次表）。

　Azureの場合、1つのリージョン（地域）あたり最大16棟のデータセンターがあり、総サーバー数は60万台に達するそうです[※2]。日本のデータセンターはもう少し小さいようですが、一般企業が所有するデータセンターに比べれば桁違いに大きな規模となっています。

　これだけ大きなデータセンターを構築するには相当な初期費用がかかりますが、運用が始まってからのコストが下がるので、低価格でサービスを提供できます。

[※1] Reliable Adaptive Distributed Systems Laboratory調べ "Above the Clouds: A Berkeley View of Cloud Computing"（2009年2月10日），米カリフォルニア大学バークレイ校（UC Berkeley）
https://www2.eecs.berkeley.edu/Pubs/TechRpts/2009/EECS-2009-28.pdf

[※2] マイクロソフトの最新データセンター事情。リージョンあたり16棟のデータセンターと60万台のサーバ
https://www.publickey1.jp/blog/14/1660.html

【データセンターの費用効率】

コストの種類	データセンターの規模		倍率
	中規模（1,000台）	大規模（5万台以上）	
ネットワークコスト	1Mビット/秒の通信回線当たり		7.1倍
	月額95ドル	月額13ドル	
ストレージコスト	1GBの容量当たり		5.7倍
	月額2.2ドル	月額0.40ドル	
管理コスト	1管理者あたりの管理台数		7.1倍
	140台	1,000台以上	

出典：Above the Clouds: A Berkeley View of Cloud Computing (February 10, 2009)
　　　Michael Armbrust, Armando Fox, Rean Griffith, Anthony D. Joseph, Randy H. Katz, Andrew Konwinski,
　　　Gunho Lee, David A. Patterson, Ariel Rabkin Ion Stoica, Matei Zaharia
　　　Electrical Engineering and Computer Sciences, University of California at Berkeley
　　　https://www2.eecs.berkeley.edu/Pubs/TechRpts/2009/EECS-2009-28.pdf

試験対策　大規模なデータセンターのほうが運用コストは低くなり、安価にサービスを提供できます。

2　固定費から変動費へ：早く黒字化したい

　クラウドは安価にサーバーを調達できますが、安ければそれだけでよいのでしょうか。ここで覚えておいていただきたいのが、会計的な位置付けの違いです。クラウドを使うことで、赤字転落を防ぎ、すぐに黒字になる可能性を高められます。

　会計に詳しい人には常識でしょうが、エンジニアの方にとっては聞き慣れない言葉が登場するかもしれません。しかし、大事なことなので基本的な考えは理解してください。

　ビジネスを進める上で、売り上げに関係なく固定でかかる費用を「固定費」または「資本的支出」と呼びます。英語では「Capital Expenditure」と呼び「CapEx（キャップエックス）」と略します。

　これに対して、売り上げに連動して変化する費用を「変動費」または「運営支出」と呼びます。英語では「Operational Expenditure」と呼び「OpEx（オップエックス）」と略します。

　固定費が大きいと、なかなか黒字になりません。一方、変動費が大きいと、いくら売れても利益が上がりません。どちらも小さいほうが望ましいのですが、「赤字になるかならないか（固定費）」と「利益が少ないか多いか（変動費）」を考えると、固定費が大きいほうがより深刻な問題であることがわかります。

【固定費と変動費】

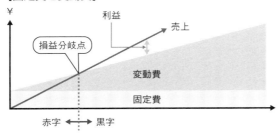

　現在、スタートアップ企業の大半がクラウドを使っていますが、固定費を削減することで早期に黒字化するというのが理由の1つです。

　クラウドを使うことで、すべてのコストは変動費となり、固定費は発生しません。月額固定料金のサービスはあるものの、そのサービスを使わなければ翌月からは課金されません。
　もちろん、変動費にするだけで利益が出るわけではありません。高価な変動費を負担することは、当然赤字の原因になります。
　実はクラウドでは、すでにあるオンプレミス環境とまったく同じ構成を展開した場合、かえって高価になることがよくあります。
　ほとんどのクラウドには、価格を下げるためのさまざまな機能が用意されています。コストを下げるには、これらの機能を効果的に組み合わせて使う必要があります。適切にクラウドの構成を行えば、オンプレミスに比べてコストを大きく下げることができるはずです。
　なお、クラウドを使うことで、データセンターの建物の保守料金や、データセンター勤務者の給与などを計上する必要がなくなります。コストを算出する場合は、こうした点にも注意してください。

試験対策　クラウドを使うことで、固定費を削減できます。変動費については必ずしも下がるとは限りませんが、下げる工夫が可能なので、「変動費も下がる」と理解してください。

3 従量課金型の料金モデル

クラウドの基本は従量課金型の計算モデル、つまり消費ベースモデルです。ここでは、例としてAzureの仮想マシンの価格を計算してみましょう。

●Azure仮想マシン費用の計算例

ここで、Azureの仮想マシンの価格を計算してみましょう。以下の表のパラメーターで展開されたWebサーバー2台の高可用性構成で、データベースサーバーなど他のサーバーは利用しないものとします。Azureを含め、ほとんどのクラウドではデータセンターの場所(リージョン)によって価格が違います。ここでは東日本リージョンを選択しました。

【仮想マシンの構成例】

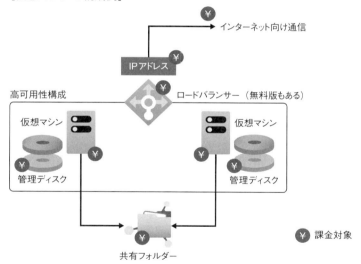

【仮想マシンの価格例（東日本リージョン）】

	SKU（種類）	単価	使用量	1ヶ月平均料金 （365日分÷12）
仮想マシン	D2 v3 ・2コアCPU ・8GBメモリ ・Ubuntu OS	14.448円／時間 （分単位課金）	2台	21,094円
システムディスク	Standard HDD 30GB（S4）	172.04円／月 +操作コスト1	2台	344円 操作コスト除く
共有フォルダー （Azure Files）	Standard	使用GBあたり6.72円／月 +操作コスト2	30GB	201円 操作コスト除く
ロードバランサー	Basic	無料	1台	0円
	Standard	はじめの5ルール 2.800円／時間	不使用	N/A
パブリック IPアドレス	Basic	0.448円／時間	1個	327円
帯域使用料 （Azureから外部へ）	Azureからの出力5GBまで：無料 5GB〜10TB：13.44円／月（出力GBあたり）		100GB	1,276円
1ヶ月使用料合計				23,327円

操作コスト1…アクセス1万回あたり0.056円
操作コスト2…読み取り1万回あたり0.168円／書き込み1.68円など　　　　　　※ 2020年3月時点での価格

　表を見ると、仮想マシンの価格が突出して高いことに気付くでしょう。一般にクラウドの仮想マシンは高価なので、少しの節約で大きな効果が得られます。たとえば、夜間の高可用性構成をあきらめ、夜8時から朝8時まではサーバー1台構成にすると、以下の計算のとおり仮想マシン料金を25%減らせます。クラウドでは仮想マシンが最も高価なので、仮想マシンの料金削減は大きな効果があります。

- **全台全日稼働の仮想マシン利用時間**：1日あたり2台×24時間＝48時間
- **1台半日稼働の仮想マシン利用時間**：1日あたり1台×24時間＋1台×12時間
  ＝36時間

　仮想マシンは1分単位で課金されます。つまり、仮想マシンが利用可能になって1秒から1分59秒までは1分の課金、2分から2分59秒までが2分の課金となります。
　また、明細書には30分使うと「0.5時間」のように、時間単位で記載されます。

　仮想マシンを停止（割り当て解除）すると、仮想マシン料金はゼロになります。単に仮想マシンをシャットダウンしただけでは課金は継続してしまいます。割り当て解除を行うには、Azureの管理ツールから仮想マシンを停止させます。仮想マシンを停止するとパブリックIPアドレスも解放されるため、料金はかかりません（仮想マシンを停止してもパブリックIPアドレスを維持する設定にした場合は課金対象になります）。仮想マシンが停止しているため帯域も使うことがありません。つまり、仮想マシンの割り当て解除を行うと、システムディスクと共有フォルダーのみが課金対象になります（前記の表の条件で1ヶ月545円）。

　ストレージにはアクセス回数に基づいた課金（トランザクションコスト）が発生します。アクセス回数の厳密な予測は極めて困難なので、正確な見積もりを出すことはできません。これもクラウドの特徴です。電気代や水道代を厳密に予測できないのと同じように考えてください。

仮想マシンを停止して「割り当て解除」状態にすることで課金を停止できます。ただし、仮想ディスクの課金は継続します。割り当て解除により、仮想マシンが使用するハードウェアは解放されますが、仮想ディスクの領域は解放されないためです。

仮想マシンを利用する場合、課金対象となるのは「仮想マシン」（割り当て解除で課金停止）、「ディスク」（削除で課金停止）、「パブリックIPアドレス」（アドレス解放で課金停止）の3つです。

　なお、Azureを含め、多くのクラウドでは、仮想マシン以外は内部で二重化または三重化されており、特に指定しなくても高可用性構成になっています。しかし、既定の可用性レベルが利用者の求めるものと一致するとは限りません。利用者は、必要に応じて可用性レベルを上げるための工夫を行う必要があります。既定の可用性レベルを最小限に抑えることで料金を最小化できるのが利点ですが、そのままでは要求する可用性を満たさないこともあり得ます。

クラウドでは、不要なサービスを止めることで料金を節約できます。Azureでは、仮想マシンを停止（割り当て解除）すると、その間の仮想マシン料金はゼロになります。

3つのサービスモデル

ここでは「クラウドが提供するサービスの分類（サービスモデル）」について説明します。
また、クラウド上で構築されるアプリケーションの考え方を紹介します。

1 Webアプリケーションサービス

　コンピューターを利用する企業が最終的にほしいものは、ビジネスを助けるツールです。個人であれば、メッセージの交換や、動画や音楽などのエンターテインメントを楽しむためのツールかもしれません。利用者が最終的に使いたい機能を**アプリケーション**と呼びます。たとえばMicrosoft Excelなどの表計算ツールや、Microsoftペイントなどの画像編集ツールがアプリケーションです。企業内でも在庫管理や経費精算など、多くのアプリケーションが使われています。

　クラウドで使われるアプリケーションは、クラウドプロバイダーのデータセンターにあり、利用者が所有するわけではありません。クラウドが提供する機能（サービス）を利用するだけです。そのため「アプリケーション」ではなく**サービス**と呼ぶこともあります。「サービス」は「誰かが提供している機能を使うだけ」というイメージが強いからです。ただし、単に「サービス」だと、コンピューター同士が連携する仕組みも含んでしまうため、「人間が使うサービス」は特に**アプリケーションサービス**と呼ぶこともあります。

　アプリケーションサービスを提供するWebサーバーのことを**Webアプリケーションサーバー**と呼びます。また、Webアプリケーションサーバーは、裏でデータベースを利用することもあります。Webアプリケーションサーバーから見ると、データベースサーバーは「データベースサービス」を提供してくれるわけですが、人間が使うわけではないので「データベースアプリケーションサービス」とは呼びません。

【Webサーバーとデータベースサーバー】

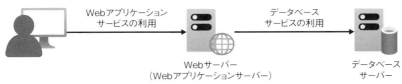

Webアプリケーション
サービスの利用

データベース
サービスの利用

Webサーバー
（Webアプリケーションサーバー）

データベース
サーバー

ここまでの言葉をまとめておきましょう。

・**アプリケーション**…人間が使うもので、最終的にほしい機能
・**サービス**…どこかのサーバーが提供する機能。また、人間が介入せず、コンピューター同士の通信のみで使われる場合もある
・**アプリケーションサービス**…どこかのサーバーが提供する機能で、人間が使う、最終的にほしい機能

一般に、アプリケーションは以下の手順で作成されます。

① サーバー用のコンピューターを調達
② OSをインストール（WindowsやLinuxなど）
③ ミドルウェアをインストール（Webサーバーやデータベースサーバーなど）
④ アプリケーションをインストール

ほとんどのクラウドでは、①のステップと②のステップは同時に行われ、WindowsやLinuxなどのOSがインストールされた状態で仮想マシンが提供されます。最も基本的な部分なので**インフラストラクチャ（基盤）**と呼びます（ただし後述するように、厳密にはOSはインフラストラクチャの一部ではありません）。

OSの標準機能だけを使ってアプリケーションを構築するのはかなりの手間がかかります。そこで、アプリケーション作成の手助けをしてくれる機能を用意します。これを「OSとアプリケーションの中間」という意味で**ミドルウェア**と呼びます。代表的なミドルウェアには、JavaやMicrosoft .NET（マイクロソフトドットネット）があります。

Javaはプログラム言語の一種ですが、実行環境とセットで定義されており、機種やOSに依存しないプログラムを作成できます。
一方、Microsoft .NETは、マイクロソフトが作成したプログラム実行環境で、Javaと同様、機種やOSに依存しないプログラムを作成できます。また、C#やVisual Basic .NETなど複数の言語を利用できます。

Webサーバー機能やデータベースサーバーもミドルウェアと呼びます。Webサーバーもデータベースサーバーも、それ自体はアプリケーションではありませんが、OSでもありません。こうした「アプリケーションに必要だが、OSでもないもの」はすべてミドルウェアの一種です。

ミドルウェアは、複数のアプリケーションが利用する共通機能です。そこで「複数のアプリケーションに共通の基盤」という意味で**プラットフォーム**とも呼びます。プラットフォーム（platform）の本来の意味は「立つための台」です。アプリケーションを立たせるための土台くらいの感じでしょうか。OSも「複数のアプリケーションに共有の基

盤」なので、プラットフォームの一種と考えます。

　プラットフォームが提供する多くの機能を使うことで、アプリケーションの構築が容易になります。アプリケーションが表示する「はい」「いいえ」などの確認ダイアログボックスがどのアプリケーションもだいたい同じなのは、プラットフォームが共通だからです。

2　クラウドが提供する3つのサービスモデル

　ここからは、クラウドが提供する機能としての「サービス」に注目していきます。オンプレミスでの構築手順に沿って以下の順序で説明します。OSが2つの階層をまたいでいる理由については後述します。

　① インフラストラクチャ（仮想マシン＋OS）
　② プラットフォーム（OS＋ミドルウェア）
　③ アプリケーションサービス（アプリケーション）

　それぞれの項目は、NISTが定義している「クラウドの3つのサービスモデル」に対応しています。

　・サービスとしてのインフラストラクチャ（IaaS）
　・サービスとしてのプラットフォーム（PaaS）
　・サービスとしてのソフトウェア（SaaS）

　ここでは3つのサービスモデルについて学習し、最後にサービスモデルの責任範囲と選択基準について学習します。

【3つのサービスモデル】

SaaS	アプリケーション
PaaS	OS＋ミドルウェア
IaaS	仮想マシン＋OS
ハードウェア	

試験対策　クラウドが提供する3つのサービスモデルの名称と意味を理解してください。Azureが提供するのはIaaSとPaaSだけですが、試験にはSaaSの特徴も出題されます。そのため、3つのサービスモデルはすべて重要です。

3 サービスとしてのインフラストラクチャ（IaaS）

アプリケーションを構築するにはサーバーとなるコンピューターが必要です。このサーバーを提供するサービスが**サービスとしてのインフラストラクチャ（Infrastructure as a Service：IaaS）**です。通常は仮想マシンを使いますが、物理マシンを使う場合もあります。たとえばAzureでは「専用ホスト（Dedicated Host）」と呼ばれる物理マシンを展開できます。専用ホストには複数の仮想マシンを展開して使うことができます。

> **試験対策**　IaaSはサーバーを提供します。通常は仮想マシンですが、物理マシンを提供することもあります。

仮想マシンを利用することで、インフラストラクチャを迅速に構築し、不要になったらすぐに削除できます。Azureを含め、ほとんどのクラウドでは数分以内に仮想マシンを作成できます。

多くのクラウドでは、仮想マシンを作成するときには以下の要素を指定します。Azureの場合の具体的な構成は第2章で学習します。

① 仮想マシンを作成するリージョン（地域）
② 仮想マシンのサイズ（SKU）
③ 仮想マシンのOS
④ システムディスクの種類とサイズ（SKU）

Azureを含め、ほとんどのクラウドはリージョンごとに単価が違います。これはデータセンターの建設コストや人件費が国や地域ごとに違うためです。また、利用可能なサービスにも差があります。新しいサービスは世界同時にリリースされるわけではなく、需要の大きいところから順次展開されます。

リージョンを決めたら仮想マシンのサイズ（SKU）を決めます。サイズは、あらかじめ決められたCPUコア数やメモリ量の組み合わせから選択する**カタログ方式**が採用されています。CPUとメモリ量のバランスを考えてサイズを構成することで、価格性能比が一定になるようにしているようです。要するに「安いものは遅い、速いものは高い」ということです。

SKU（Stock Keeping Unit）は、流通業界の用語で「在庫管理の単位」、つまり「型番」の意味です。Azureでは、仮想マシンのサイズなど、同じサービスの性能差や機能差を区別するために使います。AWSの仮想マシンでは「インスタンスタイプ」と呼ばれるものと同じ意味です。

　OSはWindowsとLinuxのどちらかを選びます。現在Azure上で動作する仮想マシンのOSはWindowsとLinuxがほぼ半々だそうです。マイクロソフトのクラウドだからといって、Windowsが特に多いわけではありません。

　システムディスクはOSをインストールする場所です。AzureではハードディスクタイプとSSDタイプのどちらかを選択できますが、サイズは指定できません。選択したOSによって自動的に決まります。

　厳密には、OSはインフラストラクチャの一部ではありません。しかし、OSのない仮想マシンが提供されても、利用者は使いようがありません。そこで、Azureを含めほとんどのクラウドでは最小限のOS構成はクラウド側で行います。その後のOSの設定変更や更新は、利用者の責任です。初期設定時にOSを指定するため、OSもインフラストラクチャの一部であると誤解しがちですが、実際にはプラットフォームの一部です。

Azureには「マーケットプレイス」と呼ばれる機能（Azure Marketplace）があり、マイクロソフト製品のほか、Azure上で動作するサードパーティー製品が提供されています。Azure Marketplaceを利用すると、WindowsやLinuxだけでなくBSD UNIXも利用可能です。BSD UNIXはネットワーク機器に内蔵されていることが多いのですが、ビジネス用に使われることはあまりありません。

●IaaSの利点と欠点

　IaaSの利点は、既存のシステムとの高い互換性です。ほとんどの場合、オンプレミスで動作しているOSがそのまま動作するので、アプリケーションを再構築する必要がありません。また、管理者が自由にOSなどを設定できます。そのため、現在のシステムをそのまま移行し、従来と同じように利用したい場合は、IaaSが最適です。

　このようにIaaSの利点は「既存システムと同じ」ことですが、これは「既存システムと同じことしかできない」という欠点でもあります。クラウドに移行することで、ハードウェアの保守からは解放されますが、OSの管理からは解放されません。定期的に提供されるセキュリティ修正を適用したり、OSの機能変更に伴ってアプリケーションの再構成を行ったりする作業は変わらず必要です。

　このように、IaaSの利点と欠点は表裏一体です。アプリケーションの改修や追

加を機会に、徐々にクラウドの能力を活かした構成に変えていくとよいでしょう。

試験対策

IaaSの仮想マシンはクラウドベンダーが初期設定を代行しますが、セキュリティパッチの適用や適切な構成といった管理責任は、すべて利用者側にあります。

試験対策

IaaSに最適なケースは、既存システムをそのまま移行する場合です。

1

コラム

多くの日本人は「IaaS」を「イアース」と読みますが、「アイアース」と読む人もいます。特に読み方は決まっていないため、どちらでも明らかな間違いではありません。英語では「アイエイエイエス」と読む人が多かったそうですが、現在は「アイアーズ」「アイアース」も使われます。マイクロソフトが公開しているYouTube動画では「アイアーズ」と発音されていました。日本人がよく使う「イアーズ／イアース」は英語圏の人には「EAS/EAZ」と聞こえるため、英語で話すときは避けたほうがよいということです。

4　サービスとしてのプラットフォーム（PaaS）

　IaaSが提供する仮想マシンは、WindowsやLinuxなどのOSを含みますが、初期設定をしてくれるだけで、実際の保守は利用者の責任です。システム管理者の負担の多くはOSの管理コストであるため、IaaSを使うだけでは削減できるコストは限定的です。

　そもそも、利用者が使いたいのは「コンピューター」ではなく、アプリケーションです。面倒なサーバー管理なしにアプリケーション開発に専念できないものでしょうか。

　こうして登場したのが**サービスとしてのプラットフォーム（Platform as a Service：PaaS）**です。ここでいうプラットフォームは、OSとミドルウェア全体を含みます。クラウドがOSとミドルウェアを常に適切な状態で提供してくれれば、開発者はアプリケーションの構築に専念できます。

　アプリケーションを構築する場合、ミドルウェアやOSが提供する**API（アプリケーションプログラムインターフェース）**を利用します。APIはサービスの一種で、ほかのプログラムにさまざまな機能を提供する「呼び出し口」です。PaaSが提供するのはこれらのAPIです。

試験対策　PaaSはプラットフォーム、つまりOSとミドルウェアを提供します。

　たとえばAzureではPaaSの一種として**Webアプリ**があります。文字どおりWebアプリケーションを作るためのサービスで、以下の要素を指定して構成します。

・**ミドルウェア**…アプリケーションが使用する実行環境（.NETやJavaなど）
・**OS**…WindowsかLinuxのどちらか（詳細なバージョンは指定できない）
・**リージョン**…仮想マシンの配置場所
・**仮想マシンのサイズ**…仮想マシンの種類

　ミドルウェアによっては以下の図のようにOSの選択肢が制限される場合があります。たとえば、Java 8に含まれる環境はLinuxとWindowsのどちらでも指定できます。しかし、ASP.NETはWindows専用です。ASP.NETはWindows Server上で動作し、Windows専用の.NETを使います。
　Linuxで.NETを使う場合は「.NET core」または「.NET 5」を選択する必要があります。.NET Coreはオープンソース版の.NETで、.NET 5は.NET coreとWindows版.NETを統合した新バージョンです。.NET coreまたは.NET 5を選択した場合は、WindowsとLinuxのどちらでも指定できます。

【PaaSの構築例（Azure Webアプリ）】

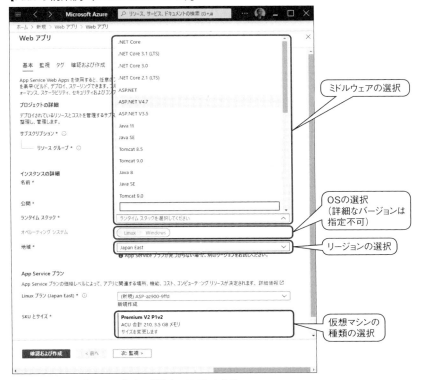

※ AzureでPaaS「Webアプリ」を構築中の画面から抜粋

　どちらにしてもOSの選択肢はLinuxかWindowsのいずれかのみで、詳細なバージョンを指定することはできません。これは、OSのバージョンが少々変わってもAPIの仕様は変化しないためです。PaaSはAPIを提供するものですから、OSのバージョンが変わってもAPIが同じであれば、それは同じものと考えることができます。

●PaaSの利点と欠点

　PaaSの利点は、アプリケーション開発者がOSの詳細やミドルウェアの構成を知らなくてもよいことです。IaaSと違い、PaaSではOSの管理もすべてクラウドが行います。最新の修正プログラムの適用やアップグレードもすべて自動的に行われるため、開発者は開発作業に集中できます。

　一方PaaSの欠点は、アプリケーション開発者がOSの詳細やミドルウェアの構成を知ることができないことです。アップデートの予定は事前に通知されますし、多くの場合はアップデートせずに継続利用できますが、一部のアップデートは強制的に適用されます。アップデートが予想外の結果をもたらすこともあるので、

検証作業を怠ることはできません。どうしてもアップデートを避けたい場合や、PaaSが提供する機能が十分ではない場合は、IaaSを使って独自にOSとミドルウェアを構成する必要があります。

　このようにPaaSの利点と欠点は表裏一体です。一般に、PaaSは新規アプリケーション開発に向いているとされています。既存のアプリケーションはOSの機能を利用している場合があり、PaaSに移行したときに互換性問題が発生することがあるからです。

試験対策

PaaSに最適なケースは、新規にアプリケーションを開発したい場合です。既存のアプリケーションをPaaSに移行する場合、ミドルウェアの違いで互換性に問題が生じる可能性があります。

参考

「クラウド側が構成を管理し、利用者が自由に設定できないサービス」を「マネージドサービス」と呼びます。PaaSにおけるOSはマネージドサービスとして提供されます。PaaSで利用するWindowsやLinuxは、各種の設定を自由に設定できず、クラウドに一任します。
一方、仮想マシンの初期展開で設定されるOSはマネージドサービスではありません。仮想マシンと同時に展開されたOSは、利用者が自由に設定できます。マネージドサービスの利点は「いちいち設定しなくてもよいこと」、欠点は「自由に設定できないこと」です。
通常IT運用で最も高価なコストは人件費ですから、同じ機能が実現できるなら、マネージドサービスを使って人間が行うべき作業を減らすことが望ましいといえます。

コラム

PaaSは「パース」または「パーズ」と読みます。英語圏では「パーズ」のほうが優勢のようです。

●サーバーレスコンピューティング

　ほとんどのPaaSは、プラットフォームのハードウェアをある程度意識する必要があります。たとえば、PaaSアプリケーションを動作させるための環境として、CPUコア数やメモリ量を検討し、構成しなければなりません。せっかくプラットフォームの管理から解放されたのに、もっと基本的なハードウェア構成まで意識する必要があります。

サーバーレスコンピューティングは、サーバー構成を一切意識しなくてもよいことを目標にしています。まるでサーバーがないかのように考えられる環境、これが「サーバーレスコンピューティング」です。

たとえば、Azureでは**Azure Functions**というサービスが提供されています。Functionsでは、あらかじめ作成しておいたプログラムと、実行条件（たとえばデータの入出力など）を登録しておきます。普段はプログラムは停止していて料金はかかりませんが、実行条件が満たされるとプログラムが起動し、起動中のみ課金されます。

Azureでは、ほかにWebアプリケーションを動かすためのApp ServiceやKubernetesなどがサーバーレスコンピューティングを提供します。

5 サービスとしてのソフトウェア（SaaS）

PaaSを使うことで、アプリケーション開発者はOSやミドルウェアの管理をクラウドに任せることができるようになりました。しかし、そもそもアプリケーションを作る必要はあるのでしょうか。出来合いのものがあれば、それを使うほうが楽なはずです。

そこで、利用者が求めるアプリケーションそのものを提供するのが**サービスとしてのソフトウェア（Software as a Service：SaaS）**です。多くの場合はWebベースのアプリケーションです。

SaaSの代表例はMicrosoft 365です。Microsoft 365では、Word、ExcelなどのオフィスソフトがWebベースで利用できるほか、メールサーバーのExchange Onlineや、コミュニケーションツールのTeamsなどが使えます。SaaSはAzureブランドでは提供されませんが、クラウドの基礎であるため、その特徴をよく理解してください。

試験対策

SaaSはアプリケーションを提供します。

クラウドの特徴は「使った分だけ払う」というものですが、「使った分」の数え方はサービスごとに違います。たとえばAzureの場合、仮想マシン（IaaS）については稼働時間に対して、インターネット帯域についてはAzureから送信される総データ量に対して課金されます。

SaaSではユーザー1人あたり1ヶ月の単価が設定されるのが一般的です。原理的には「メール送信1通いくら」「文書作成1つあたりいくら」という料金体系も可能ですが、課金計算が煩雑になるからでしょうか、筆者はあまり見たことがありません。

●SaaSの利点と欠点

SaaSの利点は、契約すればすぐに使えることです。IaaSの場合はOSの設定変更からスタートしなければいけませんし、PaaSの場合はアプリケーションを開発する必要があります。一方、SaaSは契約したらすぐに使えます。たとえばMicrosoft 365の契約から、独自ドメインでメール送受信を行うまで、最小限の構成なら1時間もあればできるでしょう。こうした手軽さがSaaSの最大の利点です。

ただし、SaaSはあくまでもアプリケーションなので、想定外の使い方はできません。Exchange Onlineにアドレス帳の機能があるからといって、顧客管理システムと置き換えるのは無理があります。最近のSaaSはアプリケーションインターフェースを持ち、独自のアプリケーションを構築することも可能ですが、それはもはやSaaSではなくPaaSとしての利用と考えるべきでしょう。

また、課金の考え方もIaaSやPaaSとは異なります。IaaSやPaaSは時間課金（サーバーなど）や容量課金（ディスクなど）が一般的なので、稼働時間を調整することでコストを最適化できます。しかし、ほとんどのSaaSはユーザー1人あたりのライセンスなので、コストを削減するには利用者を減らすしかありません。

試験対策

SaaSに最適なケースは、使いたいアプリケーションがはっきりしていて、それが広く利用されている場合です。電子メールは会社が違っても求める機能はほとんど変わらないため、SaaSに適していますが、ビジネスアプリケーションは会社ごとの違いが大きいため、求める機能がSaaSでは得られない場合があります。

コラム

SaaSは「サーズ」または「サース」と読みます。どちらかというと「サース」のほうが優勢のようです。

SaaSの原型は「ASP（Applicatior Service Provider）」と呼ばれるサービス形態です。初期のASPは「シングルテナント型」を採用し、カスタマーごとに別々のサーバーを割り当てていました。しかし、これではあまり利益が出ないので、その後、複数のカスタマーを1台のサーバーに割り当てる方式が採用されるようになってきました。これを「マルチテナント型」と呼びます。ちょうどその頃、「SaaS」という言葉が登場したため、シングルテナント型をASP、マルチテナント型をSaaSとして区別する場合もあります。

クラウドの定義としてはシングルテナント型でもマルチテナント型でも構わないのですが、ほとんどの場合、SaaSはマルチテナント型として構成されます。

【シングルテナントとマルチテナント】

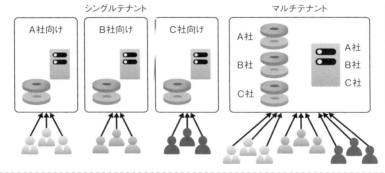

Azureは、.NETのみをサポートするPaaSとして2008年に発表されました（当時の名称は「Windows Azure」）。Windows Azureはアプリケーション開発者には受け入れられたものの、既存アプリケーションとの互換性が問題になりました。そこで、既存アプリケーションをより簡単に動かせるように仮想マシンが導入され、IaaS機能が追加されました。また、Linuxをフルサポートするという決定が行われ、2014年に「Microsoft Azure」と名称が変わりました。
マイクロソフトのSaaSは、Azureとは別に無料電子メールサービス「Hotmail」の流れをくむもので、その後のOffice 365（現Microsoft 365）などに発展しました。現在もSaaSとAzureは別ブランドですが、共通のデータセンターを使っています。2020年3月頃から、新形コロナウイルスの影響でOffice 365の需要が増えたときは、Azureのリソースが不足し、一部で仮想マシンの新規作成が制限されたこともありました。

試験対策

アプリケーションの構築や運用の容易性は、SaaS→PaaS→IaaSの順です。逆に、新しい機能を追加する自由度は、IaaS→PaaS→SaaSの順です。

コラム

本文では以下の流れでクラウドのサービスモデルを説明しました。

① ハードウェア管理が面倒なのでIaaSを使う
② OSとミドルウェア管理が面倒なのでPaaSを使う
③ そもそもアプリを作るのが面倒なのでSaaSを使う

これは、アプリケーションを開発する立場から見ると、「より手間を省く」という方向の進化です。しかし、マイクロソフトのクラウドは逆に進みました。

① アプリケーションを独自に作るのは面倒なのでSaaSを使う
② 出来合いのSaaSでは満足できないので、PaaSを使った新しい機能を組み込む
③ 出来合いのPaaSが提供するミドルウェアでは満足できないのでIaaSで仮想マシンを用意して独自の機能を追加する

6 共同責任モデル（責任共有モデル）

　クラウドでは、IaaSの場合は仮想マシンが、PaaSの場合はOSとミドルウェアが、SaaSの場合はアプリケーションがそれぞれ提供されるので、程度の差はあってもオンプレミス環境よりは容易にアプリケーションを構築できます。

　しかし、クラウドも障害がゼロというわけにはいきません。適切な障害対応を行うには、その障害が誰の責任かを明確にすることが必要です。

　クラウドプロバイダー（クラウド提供者）とクラウド利用者（カスタマー）では責任範囲が違います。誰がどの部分の責任を持つかの決めごとを**共同責任モデル**と呼びます。ITシステム全体の責任をクラウドプロバイダーとクラウド利用者で共有することになるので、**責任共有モデル**とも呼びます。

　責任範囲はサービスモデルによって変わります。わかりやすいのは物理環境でしょう。データセンターの建屋や電源、入退室管理などはクラウドプロバイダーの責任です。また、作成したデータの管理はすべてクラウド利用者の責任です。

【共同責任モデル（責任共有モデル）】

責任範囲	オンプレミス	IaaS	PaaS	SaaS
データ				
クライアント				
アカウント管理				
アプリケーション				
ネットワークサーバー&OS				
物理環境				

　クラウド利用者責任
　クラウド提供者責任
　共同責任

　IaaSにおけるサーバー、OS、そしてネットワーク環境については少しわかりにくいかもしれません。IaaSはサーバー（多くの場合は仮想マシン）を提供します。この仮想マシンの仮想ハードウェア構成はクラウドプロバイダーの責任です。過去に、ある仮想化製品で「任意の仮想マシンに侵入できるセキュリティホール」が見つかったことがあります。こうしたセキュリティホールに対応するのはクラウドプロバイダーの責任です。

　しかし、仮想マシンの構成が原因で攻撃者に侵入されるのはクラウド利用者の責任です。また、OSの構成も利用者の責任です。Windowsでリモートデスクトップによる接続を無条件で許可した上で、安易なユーザー名とパスワードを使っていて侵入された場合は、クラウド利用者に責任があると見なされます。

　同様に、PaaSにおけるアプリケーションも注意してください。クラウドプロバイダーはプラットフォームそのものについての責任を負いますが、その設定には責任を負いません。たとえば、設定を変更して意図的にセキュリティレベルを落とした場合、それにより発生した被害などはクラウド利用者の責任です。

　上記の図で「アカウント管理」が共同責任になっているのは、「アカウント管理の仕組み」の管理がクラウドプロバイダーの責任だからです。たとえば、クラウドプロバイダーが利用者のパスワード漏えい事故を起こした場合はクラウドプロバイダーの責任です。しかし、利用者が管理者アカウントのパスワードを漏らしてしまった場合は利用者の責任です。

> **試験対策**
>
> クラウドプロバイダーまたはクラウド利用者の責任の範囲はしっかりと理解しておきましょう。共同責任範囲の場合、試験では責任範囲が明確になるように条件が設定されているはずです。

7 サービスモデルの選択基準

　これまで、3つのサービスモデルの特徴を説明してきました。ここでは、まとめを兼ねて、それぞれのサービスモデルの具体的な選択基準を提示していきます。

　ただし、実際のビジネスでは多くの要因が絡み合うため、ここで説明したとおりになるとは限りません。以下の具体例は、説明のために状況を単純化していることに注意してください。

●ケース1：既存のシステムをそのまま移行したい…IaaS

　「既存のシステムをそのまま移行して、ハードウェアの保守コストを削減したい」と考えて、クラウド移行を検討する組織は非常に多く見られます。この場合、既存システムをそっくりそのまま移行できるIaaSが有効です。既存システムの大半はWindowsまたはLinuxで動作しています。一般的なIaaSは、WindowsとLinuxの両方の仮想マシンを提供しているため、ほとんどの場合アプリケーションやミドルウェアをそのまま利用できます。

　オンプレミスのサーバー台数が不足した場合に、クラウド上に仮想マシンを追加して利用することも可能です。この場合、オンプレミスとクラウド間の通信を行うためのネットワークとしてVPN接続を利用します。

　オンプレミスからクラウドへの移行のことを**リフトアンドシフト（Lift and Shift）**と呼びます。「Lift and Shift」は1つのフレーズで、もともとは単純な移行を指していましたが、最近では「Lift」がクラウドへの単純移行、「Shift」がクラウドでの最適化を意味するように変わってきました。

　リフトアンドシフトの最初のステップとしてもIaaSは有効です。その後、仮想マシンの自動増減機能（オートスケール）など、クラウド固有の機能を追加できます。

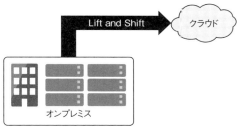

【IaaS移行の例（Lift and Shift）】

IaaSでの移行は、以下の点に注意すれば、作業そのものはそれほど難しくないでしょう。1万人規模の社内基幹システムを、3ヶ月程度で移行した例もあるくらいです。

オンプレミスからIaaSへ移行する場合、以下の点に留意する必要があります。

- **仮想マシンの性能**…同じ仕様でも物理マシンとは性能が異なる場合があります。
- **ネットワーク性能と接続性**…インターネット経由のため接続性に配慮が必要です。
- **ストレージ性能**…価格と性能についてのさまざまなオプションを適切に選択する必要があります。
- **現行OSとクラウドが提供するOSのバージョンの差異**…修正プログラムの適用状況など、詳細な構成は指定できません。
- **クラウドとオンプレミスとの互換性**…クラウドによってサポートしていない構成があります。
- **ライセンス条件**…ソフトウェアによっては特別な条件を持つ場合があります。

ただし、IaaSではOSを含むすべてのソフトウェアは利用者に管理責任があります。そのため、運用コストが思ったほど下がらない場合もあります。さまざまな事例を見たところ、ざっと20%削減できれば成功と考えられるようです。また、特に工夫せず、オンプレミスの構成をそのまま持ち込んだ場合はかえってコストが増大する可能性もあります。

Azure上の仮想マシンは、原則として以下の構成をサポートしません。

· **ブロードキャスト**…LAN上の全ホストに一斉通信する機能は使えない
· **マルチキャスト**…複数ホストに一斉通信する機能は使えない
· **共有ディスク**…複数サーバーからのディスク共有構成（iSCSIなど）は使え
ない

ただし、共有ディスクについては2020年7月から制限付きでサポートされて
います。

クラウド移行で、案外問題になりやすいのはライセンス条件です。ソフトウェ
アによってはクラウドでの利用を禁止していたり、特別な条件があったりし
ます。

●ケース2：クラウドが提供する特定のサービスを使いたい（置き換え たい）…PaaS

　「特定の機能だけをクラウドに移行したい」「新たにクラウドの便利なサービス
を使いたい」という要望もよく聞かれます。典型的な要望がバックアップです。バッ
クアップは決して難しい作業ではないのですが、決められた手順で適切にバック
アップして、いつでも取り出せるシステムを維持するというのは案外面倒なもの
です。こうした利用には、PaaSが適しています。既存のバックアップ手順をクラ
ウドに置き換えることで、面倒な管理作業から解放されます。

　既存のサービスと互換性を持ったPaaSサービスもあります。たとえばAzure
SQL Databaseは、Microsoft SQL Serverと基本的な互換性があります。そのため、
既存のデータベースをSQL Databaseに変更するのは比較的簡単です。SQL
DatabaseはPaaSであり、OSの保守を意識する必要はありません。また、SQL
Database自身の保守も自動的に行われます。さらにバックアップ機能が内蔵され
るなどの付加価値もあるので、全体の運用コストは大きく下がるでしょう。ただし、
ネットワークの回線速度がボトルネックにならないように注意してください。

【PaaS移行の例（データベースのみの移行）】

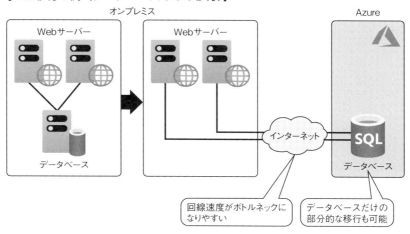

PaaS機能を全面的に利用してアプリケーションを作り直すことも可能です。Azureは、SQL Databaseなどのデータベースサービスのほか、Webアプリケーションのプラットフォームとして.NETやPHPを提供しているため（WebアプリケーションプラットフォームをWebアプリと呼びます）、多くのアプリケーションを最小限の修正で移行できます。若干の互換性問題や、タイミングの違いなどがあるため、まったく修正不要というわけにはいきませんが、ほとんどの場合、それほど難しくはないはずです。

【PaaS移行の例（全面移行）】

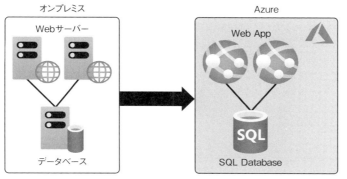

このように、既存のシステムにより高度な機能を追加したい場合はPaaSが適しています。ただし、たいていの場合、程度の差はあれアプリケーションの修正を行う必要があります。

●ケース3：クラウドが提供する新しいサービスを使いたい…PaaS

　ビッグデータの分析など、独自に実装すると大きな初期コストがかかってしまうサービスでも、クラウドを使うと初期費用ゼロで利用できます。ほとんどのクラウドサービスは、インターネット経由でオンプレミスからも利用できます。既存システムはそのままで、新しいサービスだけクラウドを利用すると、既存システムに与える影響を最小限に留めることができます。もちろん、Azure仮想マシンやその他のAzureサービスからの利用も可能です。

【クラウドが提供するサービスの利用】

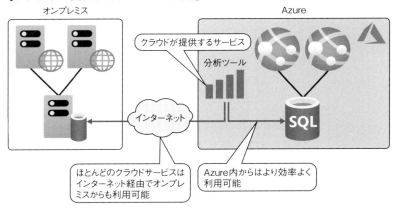

●ケース4：新しいアプリケーションを導入したい…SaaS＋PaaS

　企業ごとの要件にほとんど差がないアプリケーション、たとえば電子メールなどはSaaS移行が適しています。Microsoft 365 Enterpriseは、電子メールを含むアプリケーションサービスの代表です。オンプレミス版のOfficeと同じアプリケーションが使えるため、利用者は違和感なくクラウドに移行できます。

　最近のSaaSの多くは、公開APIが充実しているため、独自のアプリケーションを比較的簡単に構築できます。そのため、実質的にPaaSとして考えることもできます。たとえば、簡単なWebフォームを公開し、入力データを担当者にメールするとともに、Microsoft Teams（コミュニケーションツール）に蓄積するといった使い方ができます。

1-5 4つの展開モデル

ここでは、「クラウドをどこに置くのか（展開するのか）」という展開モデル（デプロイメントモデル）について説明します。展開（デプロイ）は、「配置する」「設置する」といった意味で使います。

1 展開モデルの必要性

　　ここまでの説明では、クラウドをインターネット経由で使うことを前提にしてきました。これは、クラウドの利用者が不特定多数であると想定していたためです。しかし、セキュリティ上の制約など、さまざまな理由から「不特定多数の会社と共用する」ことを避けたい場合もあります。

　　NISTでは、対象となる利用者に注目し、クラウドを以下の4つの展開モデルに分類しています。展開モデルは「デプロイモデル」または「デプロイメントモデル」とも呼ばれます。

　　・パブリック
　　・プライベート
　　・コミュニティ
　　・ハイブリッド

　　ここではそれぞれの展開モデルについて学習し、最後に展開モデルの選択基準について学習します。なお、AZ-900の試験仕様には「コミュニティクラウド」の記述はありません。しかし、知っておいて損はないので本書では簡単に扱います。

試験対策

クラウドが提供する展開モデルのうち、最も重要なのがパブリッククラウドです。プライベートクラウドとハイブリッドクラウドは、パブリッククラウドを補完するサービスという位置付けです。

2 パブリッククラウド

　契約すれば誰でも利用できるクラウドサービスを**パブリッククラウド**と呼びます。ここまで説明してきたクラウドはすべて「パブリッククラウド」を想定しています。一般に、単に「クラウド」と呼ぶときには、ほとんどの場合「パブリッククラウド」を指しています。AzureやAWSはパブリッククラウドの代表です。

【パブリッククラウド】

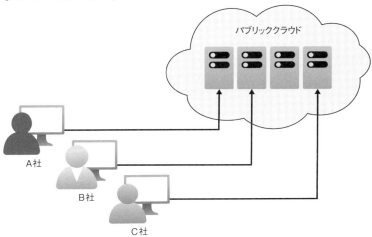

　通常はインターネット経由で利用しますが、ネットワークサービスプロバイダー（回線業者）の内部ネットワークを使うオプションも用意されています。Azureの場合は「ExpressRoute」が相当します。

　パブリッククラウドの利点は、顧客を増やすことで大規模な展開ができ、結果として安価に提供できることです。

　一方、欠点は融通が利かないことです。パブリッククラウドは不特定多数に提供されているため、1社のためだけに柔軟な対応をしてもらうことは期待できません。

試験対策　パブリッククラウドは、契約すれば誰でも利用できます。

代表的なパブリッククラウドサービスは、市場シェア順に以下の3社です。

- **AWS（Amazon Web Services）**…Amazon.comの関連会社AWS（Amazon Web Services）が提供しており、新しいサービスを次々に投入しています。
- **Microsoft Azure**…マイクロソフトが提供するサービスで、オンプレミスとの連係に定評があります。
- **Google Cloud Platform（GCP）**…Googleが提供するサービスで、大規模データ分析サービスが有名です。

試験対策

クラウドの利点の大半はパブリッククラウドを想定しています。パブリッククラウドの利点・欠点を理解しましょう。

3　プライベートクラウド

　パブリッククラウドの管理は、原則としてクラウドベンダーが行います。しかし、クラウドプロバイダーが用意するサーバーをどうしても使いたくないケースもあります。たとえば、データが保管されている場所を特定しておきたい場合です。通常、クラウドのデータセンターは、詳細な住所を公開していません（Azureにおいては米国の場合は州、日本の場合は都道府県まで公開されます）。また、使用済みディスクの廃棄ルールを社内標準に合わせてほしいと思っても、クラウドプロバイダーは応じてくれません。

　そこで、特定の組織のみに提供するクラウドサービスが考えられました。これを**プライベートクラウド**と呼びます。マイクロソフトではプライベートクラウド構築製品として「Microsoft System Center」を提供しています。

試験対策

プライベートクラウドは、特定の組織向けに提供されます。

【プライベートクラウド】

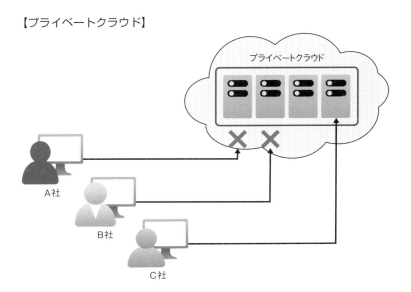

　プライベートクラウドを採用する理由で最も多いのが「自社のセキュリティポリシーをそのまま適用したい」というものです。これは、パブリッククラウドのセキュリティレベルが低いというわけではなく、「自社のポリシーに合わない」という意味です。また、現実的な理由でよくあるのが「今ある自社のデータセンターを有効利用したい」というものです。

　最も基本的なプライベートクラウドは、自社が所有するデータセンターを使うものです。大きな初期コストがかかるため、クラウドとは呼べないように思うかもしれません。クラウドのコスト構造は原則として変動費です。しかし、プライベートクラウドはIT部門に頼らず、利用者部門が独自の判断でコンピューティングサービスを利用できる（たとえば仮想マシンを作成できる）ため、「オンデマンドセルフサービス」の原則を満たします。そのため、プライベートクラウドもクラウドの一種です。逆にいうと、利用者が自由にコンピューティングサービスを使えない場合は「プライベートクラウド」とは呼べません。

　プライベートクラウドの利点は、利用者のために自由に機能拡張や構成変更ができることです。何しろ自社のみで使用するのですから気兼ねすることはありません。

　一方、欠点はコストです。データセンター構築のコストはもちろん、運用コストもパブリッククラウドと比較すると高額になります。すでに説明したとおり、一般に大規模なデータセンターほど運用コストは下がりますが、1つの会社のみではそこまで大きなデータセンターにはならないためです。

プライベートクラウドを選択する最も大きな理由は「自社のセキュリティポリシーをそのまま適用したい」というものです。

試験対策

プライベートクラウドにはさまざまなバリエーションがありますが、AZ-900試験対策としては「データセンターから自社所有する」という形態を理解すれば十分です。

試験対策

4 コミュニティクラウド

　パブリッククラウドでは融通が利かず、プライベートクラウドを構築するほどの費用はかけられない場合に有効なのが**コミュニティクラウド**です。コミュニティクラウドは、パブリッククラウドとプライベートクラウドの中間に位置し、同じ業界などに属している複数の組織で共同利用します。複数の組織がまとまることでプライベートクラウドよりも大規模に展開できる上、特定の業界に限定することで仕様変更の要求も似たようなものになるでしょう。

【コミュニティクラウド】

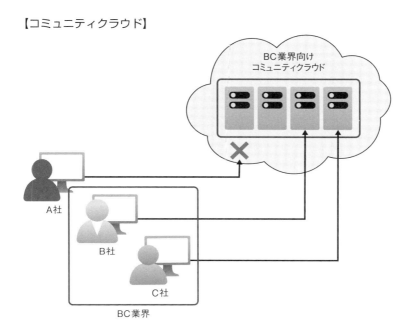

　ただし、利用組織を増やしすぎると要求の調整が難しくなります。また、減らしすぎると規模を大きくできなくなります。両者のバランスを取るのが難しいため、それほど広く使われているわけではありません。そのため、AZ-900試験の範囲には含まれていません。

　実際の例としては、官公庁の共同利用などがあります。官公庁は、業務が違ってもセキュリティ要件などが似ているため、1つにまとめやすいようです。Azureでは、米国政府（連邦政府および地方政府）およびその納品業者のみが利用可能な「ガバメントクラウド」が存在します。ガバメントクラウドはAzureの一部なので、厳密にはパブリッククラウドの一種ですが、利用者は特定の組織に限定されるため、実質的な「コミュニティクラウド」と考えられます。

5 ハイブリッドクラウド

　パブリッククラウドは、不特定多数に提供されているため大規模であり安価に利用できますが、融通が利きません。一方、プライベートクラウドは自社専用なので融通は利きますが、規模を大きくできないためそれほど安価にはなりません。そこで複数のクラウド展開モデルを組み合わせる手法が考えられました。これが**ハイブリッドクラウド**です。

　ハイブリッドクラウドは、ほとんどの場合プライベートクラウドとパブリッククラウドの組み合わせとなります。また、従来型のオンプレミスシステムとパブリッククラウドの連携もハイブリッドクラウドに含める場合があります。

【ハイブリッドクラウド】

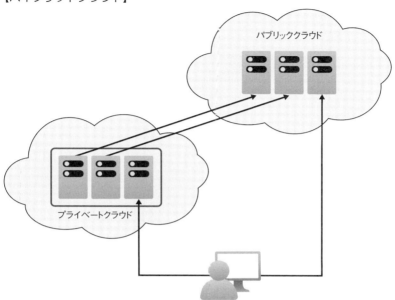

　1つの会社には複数の業務があり、すべてのサーバーをプライベートクラウドにする必要はありません。パブリッククラウドでも問題ない場合はパブリッククラウドを使い、セキュリティなどの制約がある場合はプライベートクラウドを使います。一般にプライベートクラウドはサーバーやストレージの余裕が少ないので、需要に変化がない部分をプライベートクラウドで実行し、変動部分をパブリッククラウドで吸収することもあります。

　ハイブリッドクラウドの利点は、パブリッククラウドとプライベートクラウドの利点を兼ね備えた「いいとこ取り」ができることです。たとえば、普段は自社のサーバーを使っていて、負荷が上がったときだけ一時的にパブリッククラウドのサーバーを割り当てるような使い方ができます。また、大規模災害で自社のデータセンターが損傷した場合、一時的にパブリッククラウドを使うようなケースもあります。

　ただし、複数のクラウドを連携させるには、ネットワークなどの構成が複雑で、運用コストが上昇する可能性もあります。

　マイクロソフトでは、プライベートクラウド管理製品である「System Center」にAzure管理機能を追加してハイブリッドクラウドを構成できるほか、最初からハイブリッドクラウド管理用に設計された製品「Azure Stack」を使うこともできます。

試験対策　ハイブリッドクラウドは、プライベートクラウドとパブリッククラウドを組み合わせたものです。

試験対策　ハイブリッドクラウドの典型的な使い方は、普段はプライベートクラウドやオンプレミスのサーバーを使い、負荷が高くなったときや緊急時にだけパブリッククラウドを利用するケースです。

6　展開モデルの選択基準

　マイクロソフトは、パブリッククラウドとしてのAzure、プライベートクラウドとしてのSystem Center、ハイブリッドクラウドとしてのAzure StackおよびSystem Centerを提供しており、どのクラウドを選択するかは顧客次第であるとしています。しかし、どちらかというとAzureの優先度が最も高いようです。そのため、試験対策として考えた場合、プライベートクラウドやハイブリッドクラウドは、パブリッククラウドを補完するものとして考えたほうがよいでしょう。

　つまり、まずパブリッククラウドを想定し、パブリッククラウドでは難しかったり高価になったりする場合にのみプライベートクラウドの利用を検討します。そして、プライベートクラウドを利用する場合でも、単独ではなく「ハイブリッドクラウドの一部としてのプライベートクラウド」を考えます。つまり純粋なプライベートクラウドではなく、実質的なハイブリッドクラウドを想定してください。

　ここで、典型的な選択基準をいくつか紹介しましょう。すでに説明した内容と重複する部分もありますが、復習を兼ねて理解を確認しながら読み進めてください。

●ケース1：初期投資と運用コストを最小限に抑えながら、IT基盤を入れ替えたい…パブリッククラウド

　ほとんどのパブリッククラウドは、初期費用ゼロで契約が可能なため、初期投資はありません。また、巨大なデータセンターのスケールメリットを活かして、管理コストが大きく下がっています。そのため、運用コストも抑えられます。

　ただし、管理作業の内容やタイミングはクラウドサービスプロバイダーが決めるため、予期せぬ問題が起きる可能性があります。どのパブリッククラウドも、1年に1度くらいは世界中のどこかで障害を起こしています。必要に応じてシステムの二重化を行い、より可用性の高い構成にすることが重要です。

●ケース2：最新技術をいち早く導入したい…パブリッククラウド

　パブリッククラウドには大きな投資が行われており、最新技術を反映した新しいサービスが次々と登場しています。パブリッククラウドを使うのは、単にコストを抑えるだけでなく、新しい技術をいち早く利用して企業の競争力を高めるための最適な選択です。

　クラウドにすら搭載されないまったく新しい技術は、仮想マシンなど既存のサービスを使うことになります。この場合でも、パブリッククラウドを使えば、サーバーを何台も使ってシステムを構築しては壊すという試行錯誤を、何度でも繰り返せます。プライベートクラウドでも仮想マシンの作成は簡単にできますが、リソースの余裕があまりないことが多く、「好きなときに好きなだけ作成する」というわけにはいきません。

●ケース3：既存のシステム投資を維持しつつ、増大する負荷に対応したい…ハイブリッドクラウド

　既存のシステムを廃棄するのもコストがかさみます。特に自社でデータセンターを持っている場合は、パブリッククラウドへの全面移行は相当なコストがかかります。「既存システムの廃棄」も一種の「（移行のための）初期コスト」です。そこで、現在のオンプレミス環境とは別にパブリッククラウドを追加利用することがあります。

　たとえば、既存のシステム（オンプレミスまたはプライベートクラウド）の能力が不足した場合にパブリッククラウドの助けを借りる構成（次図【プライベートクラウドの能力をパブリッククラウドで補う】）は、ハイブリッドクラウドの典型的な利用例です。このときプライベート側は、サーバーハードウェアの寿命とともに構成を縮小していき、最終的にすべてをパブリッククラウドに移行することもできるでしょう。プライベート側のサーバーを削減することで、コストを最適化できます（次図【パブリッククラウド完全移行後のサーバー最適化】）。

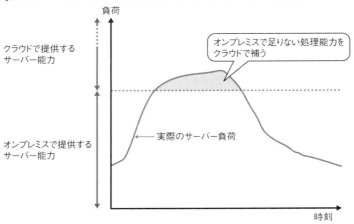

【プライベートクラウドの能力をパブリッククラウドで補う】

負荷

クラウドで提供する
サーバー能力

オンプレミスで足りない処理能力を
クラウドで補う

← 実際のサーバー負荷

オンプレミスで提供する
サーバー能力

時刻

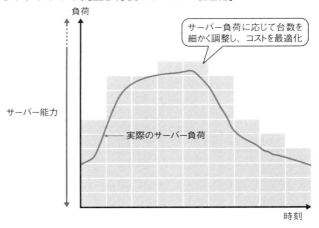

【パブリッククラウド完全移行後のサーバー最適化】

負荷

サーバー負荷に応じて台数を
細かく調整し、コストを最適化

サーバー能力

← 実際のサーバー負荷

時刻

●ケース4：既存のシステム投資を維持しつつ、利用者の自由度を上げたい…プライベートクラウド

　「オンプレミスとプライベートクラウドはどう違うのか」という質問をよく受けます。ハードウェア的には、オンプレミスとプライベートクラウドは同じ構成の場合もあるからです。

　本章の冒頭「クラウドの定義」では、「要するに『必要な機能を、必要なときに、必要なだけ使って、使った分だけ払う』のがクラウドの特徴です」とまとめました。パブリッククラウドの場合は「（パブリッククラウドが提供するサービスの中から）

必要な機能を、必要なときに、必要なだけ使って、使った分だけ払う」となります。これに対して、プライベートクラウドの場合は「(IT部門が提供するサービスの中から)必要な機能を、必要なときに、必要なだけ使って、使った分だけ払う(コストを負担する)」と考えられます。

　実際には、プライベートクラウドでは利用者がコスト負担を意識していないことが多く、また、サービス利用に必要な作業を利用者部門ではなくIT部門が行うこともあります。しかし「必要な機能を、必要なときに、必要なだけ使う」原則に違いはありません。

　すでに安定したオンプレミスシステム基盤を持っている場合は、Microsoft System Centerなどのソフトウェアを導入することで、プライベートクラウドを構成できます。System Centerを使うと、あらかじめ定義しておいた仮想マシンテンプレートから、簡単にすぐに仮想マシンを展開できます。

●ケース5：システム保守の内容やスケジュールを自社の判断で決定したい…プライベートクラウド

　パブリッククラウドの最大の欠点は、個々の利用者の要望を必ずしも受け入れてくれないということです。パブリッククラウドは多くの顧客を抱えていますから、1社や2社が要望を出してもなかなか聞き入れてくれません。すべてを自社で管理したい場合は、プライベートクラウドが最適な選択肢となります。ただし、その代償として高価な管理コストを負担する必要があります。

　プライベートクラウドの構築にはコストが発生しますが、すべてが自社の管理下にあり、自社のポリシーに合わせた運用ができます。

演習問題

1 クラウドコンピューティングを利用した場合の利点として、適切なものを1つ選びなさい。

  A. 専用の回線を使うので安全
  B. 組織ごとにハードウェアを占有できるので安定した利用が可能
  C. 使った分だけ支払うので無駄がない
  D. 常に同じ金額なので予算が立てやすい

2 部分的な障害があってもサービスが停止しないように構成したいと考えています。このようなクラウドの能力を何と呼びますか。適切なものを1つ選びなさい。

  A. 俊敏性（agility）
  B. 可用性（availability）
  C. 弾力性（elasticity）
  D. スケーラビリティ（scalability）

3 パブリッククラウドを使った場合の特徴について、正しいものを2つ選びなさい。

  A. 固定費（CapEx）が上がる
  B. 固定費（CapEx）が下がる
  C. 変動費（OpEx）が上がる
  D. 変動費（OpEx）が下がる

4 標準的な値で作成したAzureで仮想マシンを停止し、割り当て解除状態にしました。課金対象として正しいものを1つ選びなさい。

  A. 仮想ディスクのみ課金対象となる
  B. 仮想マシンと仮想ディスクの両方が課金対象となる
  C. 仮想マシンのみが課金対象となる
  D. 仮想マシンも仮想ディスクも課金対象から外れる

5 IaaSの説明として正しいものを1つ選びなさい。

    A.   アプリケーションを提供
    B.   サーバーを提供
    C.   サーバーとミドルウェアを提供
    D.   ミドルウェアを提供

6 SaaSの説明として正しいものを1つ選びなさい。

    A.   アプリケーションを提供
    B.   サーバーを提供
    C.   サーバーとミドルウェアを提供
    D.   ミドルウェアを提供

1

7 データセンターの建屋に不正侵入があり、サーバーが破壊されました。責任の所在は誰にあると見なされるでしょうか。適切なものを1つ選びなさい。

    A.   クラウドプロバイダー
    B.   顧客
    C.   顧客とクラウドプロバイダーの両方
    D.   どちらともいえない

8 既存システムを、なるべく変更を加えずにそのままクラウドに移行したいと思います。移行コストを最小化できるのはどのサービスモデルですか。最も可能性が高いものを1つ選びなさい。

    A.   IaaS
    B.   PaaS
    C.   SaaS
    D.   PaaSまたはSaaS

9 以下のクラウドのうち、運用コストを最小化できるのはどの展開モデルですか。最も可能性が高いものを1つ選びなさい。

  A. コミュニティクラウド
  B. ハイブリッドクラウド
  C. パブリッククラウド
  D. プライベートクラウド

10 社内システムを拡張したいけれども、データセンターの新規契約をしたくないので、パブリッククラウドを使おうと考えています。どの展開モデルを使うのが最も適切と思われるか、1つ選びなさい。

  A. コミュニティクラウド
  B. ハイブリッドクラウド
  C. パブリッククラウド
  D. プライベートクラウド

解答

1 C

クラウドの特徴の1つに「消費ベースモデル」があります。これは「使った分だけ支払う」という意味です。

2 B

「いつでも利用できる能力」が「可用性」です。「俊敏性」は「素早く対応できること」、「弾力性」は「能力が伸縮自在であること」、「スケーラビリティ」は「能力を拡張できること」を意味します。

3 B、D

クラウドでは固定費を変動費に切り替えます。その分変動費が増えるはずですが、大規模データセンターは費用効率がよいこと、クラウドはコストを削減するためのさまざまな工夫を提供していることから、解答としては「変動費も下がる」が正解となります。

4 A

Azureの仮想マシンは割り当て解除状態にすることで、サーバー価格が発生しなくなります。ただし、仮想ディスクは保持されるため、こちらに対しては継続的に課金されます。

5 B

IaaS（Infrastructure as a Service）は通常、仮想マシンの形でサーバーの実行環境を提供します。ほとんどの場合はOSの基本設定も行いますが、ミドルウェアやアプリケーションは提供しません。

6 A

SaaS（Software as a Service）はアプリケーションを提供します。暗黙のうちにサーバーとミドルウェアも含まれていますが、この3つを含む選択肢はないため、「アプリケーションを提供」が正解です。

7 A

データセンターの建屋の管理は、常にクラウドプロバイダーの責任です。

8 A

一般に、既存システムをそのまま移行するのに適したサービスモデルは
IaaS（Infrastructure as a Service）です。

9 C

パブリッククラウドは、不特定多数に提供されるため、大規模環境を構築
しやすく、コストを下げられる可能性が高まります。

10 B

既存のデータセンターはそのまま残し、ほかのクラウドと組み合わせる形
態が「ハイブリッドクラウド」です。「社内システムを拡張したい」は「社
内システムが使っている既存のデータセンターを残したい」という意味で
あることに注意してください。

第2章

コアとなるAzureサービス

Azureを使う際、最初に必要なのはAzureの利用契約を結ぶことです。そのためには、「テナント」と「サブスクリプション」の理解が必要です。

1 テナントとサブスクリプション

サブスクリプションは、Azureの契約を行う基本的な単位です。1つのAzureサブスクリプションを契約することで、Azureのすべての機能を利用できます。また、後述するように、サブスクリプションは「請求」「管理」「アクセス制御」の単位として使用することもできます。経理的には、請求書の単位と思っておけばよいでしょう。たとえば、同じ会社でも請求先の部署を変更したい場合は、複数のサブスクリプションを契約します。

試験対策

サブスクリプションはAzureの契約の単位です。

参考

サブスクリプションの本来の意味は「講読」です。1つの会社（1つのテナント）が、いくつかの雑誌を購読している（サブスクリプション）というイメージで覚えてください。

サブスクリプションを契約するには**テナント**が必要です。テナントは「テナントアカウント」とも呼ばれ、通常は会社などの組織単位で作成します。テナントを作成すると、クラウド上に組織の情報が登録され、マイクロソフトが提供するさまざまなクラウドサービスのサブスクリプションを追加できます[※1]。

テナントは、マイクロソフトが提供するディレクトリサービス**Azure Active Directory（Azure AD）**で管理されます。**ディレクトリサービス**とは、ユーザーや組織の情報を登録し、さまざまな検索機能を提供する仕組みのことです。 Azureの利用者は、Azure

---

[※1] Webサイトから申し込みを行った場合、テナントは自動で生成されます。詳しくは後述します。

ADに登録されたユーザー、サービス、デバイスで認証が行われ、Azureサブスクリプションの利用が承認されます。

　1つの会社（組織）で複数のテナントを登録することもできますが、管理が複雑になるため、一般には1つの組織で1つのテナントを作成します。テナントには、マイクロソフトが提供するクラウドサービスのサブスクリプションを紐付けます。テナントと違い、サブスクリプションは1つの会社で複数契約することが一般的です。たとえば、業務用(いわゆる「本番環境」)と開発用で別のサブスクリプションを契約します。

　複数のサブスクリプションが1つのAzure ADディレクトリを信頼（利用）できますが、各サブスクリプションを登録できるディレクトリは1つのみです。

　テナントを利用するのはAzureだけではありません。Microsoft 365など、マイクロソフトが提供するクラウドサービスはすべて同じテナントに対してサブスクリプション単位で契約を管理できます。たとえば、すでにMicrosoft 365を契約している組織は、Microsoft 365で使用しているAzure ADにAzureサブスクリプションを登録できます。

2

試験対策

　テナントは1社で1つが原則（複数契約も可能）、サブスクリプションは用途に応じて好きなだけ契約します。

　なお、サブスクリプションには、**クォータ**と呼ばれる制限があります。たとえば、個人がWeb経由でAzureのサブスクリプションを申し込んだ場合、仮想マシンが使うCPUコア数は1つのサブスクリプションに対して、リージョンあたり10基までしか使用できません。リージョンは、Azureのデータセンターの管理単位で、1つの「地域」と考えてください（詳しくは後述します）。クォータには、サポートに依頼することで上限を変更できるものと、変更できないものがあります。CPUコア数は変更できるクォータの代表です。

【テナントとサブスクリプション】

テナントアカウント
（会社・組織）

Azureサブスクリプション
（業務用）

Azureサブスクリプション
（開発用）

サブスクリプションとテナントとの紐付け
（契約）

　ITシステム管理に必要な作業は多岐にわたるため、目的別に作業を分担することがよくあります。しかし、単に分担規則を決めるだけでは、誤って自分の担当ではない操作をしてしまう可能性があります。

　そこで、与えられた権限を超えた管理ができないような「境界」を設定します。これを**管理境界**と呼びます。

　クラウドでの主な管理境界には、使用料を管理する**課金境界**と、仮想マシンなどのリソースを管理する**アクセス制御境界**があります。

・ **課金境界**…サブスクリプション単位で課金されます。Azureではサブスクリプションごとに個別の請求レポートと請求書が生成され、コストを整理して管理できます。たとえば、開発環境の課金は開発部門が負担し、社内利用の課金はIT部門が負担するような場合、サブスクリプションを分けることがあります。
・ **アクセス制御境界**…Azureはサブスクリプションレベルでアクセス許可を設定できます。たとえば、開発1課と開発2課のそれぞれにサブスクリプションを割り当てることで、各課のアクセス管理を容易に分離できます。サブスクリプションの管理者は、サブスクリプション内のすべてのリソースの管理権限を持つため、後述するリソースグループなどでは完全な分離ができません。

Azureの課金は基本的に現地通貨で行われるため、日本で契約すると日本円で請求されます。為替レートの見直しは随時行われますが、更新頻度はそれほど高くないため、毎月変動するようなことはありません。

2 サブスクリプションの種類

サブスクリプションの契約形態（料金プラン）には、従量課金、エンタープライズア グリーメント、クラウドソリューションプロバイダー経由などの種類があります。詳し くは第6章で説明します。

●従量課金（Webダイレクト）

マイクロソフトのWebサイトから直接申し込むため、**Webダイレクト**と呼びま す。また、完全従量課金の契約のため、**PAYG（Pay As You Go）** とも呼ばれます。 最初に従量課金のサブスクリプションを作成すると、必要に応じてテナントが自 動的に作成されます。その後は、作成したテナントに必要なだけサブスクリプショ ンを追加できます。

●エンタープライズアグリーメント（EA）

マイクロソフトと直接契約し、1年単位の利用量を確約（コミット）する必要が あります。主に大企業が対象です。「エンタープライズ契約」と表記されることも あります。

●クラウドソリューションプロバイダー（CSP)

マイクロソフトの代理店と契約します。完全従量課金で、複数のサブスクリプ ションによる請求を1つにまとめることが可能です。

そのほかに、以下のような特別な料金プランが用意されています。

●無料試用版

マイクロソフトのWebサイトからAzureを契約する場合、無料試用版を選択でき ます。無料試用版は、30日間で200ドル分のサービスが利用できるほか、一部のサー ビスは12ヶ月間無料で利用できます。また、30日を超えるか、200ドルを使い切っ た場合は従量課金に移行できます。自動的に移行することはありません。また、 契約後30日以内に従量契約に移行しても、無料使用分が失われることはありま せん。

無料試用版は、30日または200ドルのいずれかを超過した時点でサービスが停止 し、読み取り専用状態になります。その後、90日でデータが削除されるので、そ れまでの間に必要なデータを取り出してください。

なお、この無料版アカウントは、原則として1人につき1アカウントしか使用で きません。マイクロソフトによる許可がない限り、ほかのプランと組み合わせる ことはできません。

参考　無料試用版であってもクレジットカードの登録が必要です。また、無料試用版の契約は原則として1人1回限りです。2回目からは無料試用版を使えず、最初から従量課金の契約が必要です。

●メンバープラン

　特定のマイクロソフト製品やサービスを使用している場合、Azureのクレジット（利用権）が毎月定額で割り当てられるほか、一部のサービスの割引があります。たとえば、開発者向けサービス「Microsoft Visual Studio Professionalサブスクライバー」を契約している場合や、マイクロソフトとのパートナー契約「Microsoft Partner Network（MPN）」を結んでいる場合などです。

　メンバープランには個人で契約できるものもあります。たとえば「Microsoft Visual Studio Professionalサブスクライバー」は、契約レベルに応じて毎月50ドル（6,000円）、100ドル（11,500円）、150ドル（17,000円）のいずれかのクレジットが開発用として与えられます（日本円はいずれも2021年2月時点）。

【主なサブスクリプションの種類】

	従量課金	クラウドソリューションプロバイダー	エンタープライズアグリーメント	メンバープラン
略称・別名	Webダイレクト、PAYG	CSP	EA	
契約先	マイクロソフト	CSP	マイクロソフト	マイクロソフト
主な対象	個人・個人事業主	中小企業	大企業	元プログラムに依存
最低利用金額	なし	なし	年額コミットメントが必要	月額無償枠で利用（超過分は従量課金）

2-2 サブスクリプションとリソースの管理

Azureでは、あらゆるリソース管理を「Azure Resource Manager」と呼ばれるサービスで一元管理します。また、複数のリソースを効率よく管理するための「リソースグループ」が用意されています。そのほかに、複数のサブスクリプションを「管理グループ」としてまとめることもできます。

1 Azure Resource Manager

Azureのリソースの作成、構成、管理、削除を行うための管理サービスが**Azure Resource Manager（ARM）**です。Azureの構成は、すべてこのARMを経由して行います。

たとえば、Azureの管理を行うツールには、Webベースの管理画面「Azureポータル」、PowerShellベースのコマンドラインツール「Azure PowerShell」、Python言語で記述されたコマンドラインツール「Azure CLI」などがあります。これらはすべてARMの機能を呼び出しています。また、独自のアプリケーションを作成するための「REST API」が公開されており、ツール作成に役立つ「Azure SDK」も無償で提供されています。こうしたツールもARMの機能を呼び出しています。

ARMは、**JSON形式**で情報を記述して、リソースの展開（デプロイ）を行います。ARMが解釈できるように記述したJSON形式のファイルを**ARMテンプレート**と呼びます。ARMテンプレートを使うと、複数のリソースを一括して展開することもできます。

JSON（JavaScript Object Notation）は、もともとJavaScript言語のために設計されたデータ表現形式ですが、現在ではクラウド業界を含むIT業界全体で広く使われています。

AzureのWebベース管理ツール（Azureポータル）は、実際にはARMテンプレートの作成ツールとして動作しています。また、定義済みのARMテンプレートのサンプルはhttps://github.com/Azure/azure-quickstart-templatesからダウンロードできます。

【Azure Resource Manager】

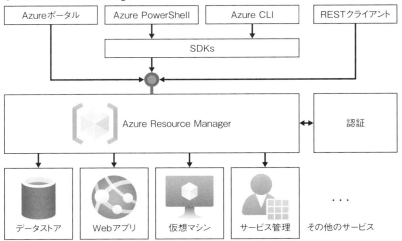

試験対策 ARMテンプレートを使用すると、リソースグループ内に複数のリソースを一括で展開できます。

2 リソースグループ

　仮想マシン、ストレージアカウント、SQLデータベースなど、Azureサービスが作成するインスタンス（実体）を**リソース**と呼びます。

　ほとんどのサービスは複数のリソースをセットで利用します。たとえば、仮想マシンを作成する場合、OSやデータを保存するためのディスクが必要ですし、通信するためのIPアドレスも必要です。また、スケールアウトのために、複数の仮想マシンをまとめて利用することもあります。

　このように、複数のリソースをまとめて扱うことはよくあります。そこで、協調して動作する複数のリソースを扱うために用意されたのが、**リソースグループ**です。

　リソースグループは、リソースの入れ物として機能するコンテナーとして使用できます。関連性のあるリソースをリソースグループにまとめることで、管理作業を効率的に行うことができます。異なるリージョンのリソースを、1つのリソースグループに登録することもできます。

試験対策 リソースグループ内に展開するリソースは、異なるリージョンのものが混在していても構いません。

リソースグループを使うことで、所属する複数のリソースに対して一括して管理や操作が可能になります。たとえば、以下のような作業ができます。

- **アクセス制御**…リソースグループに設定したアクセス許可は、そのリソースグループに所属するリソースに継承されるため、所属するリソースの利用権（設定変更ができる人、読み取りだけできる人など）を設定します。
- **ポリシー設定**…所属するリソースが満たすべき条件（たとえば最大CPUコア数の制限など）を設定します。
- **課金集計**…所属するリソースの使用料を集計します（リソースグループ自体は無料）。
- **一括削除**…リソースグループを削除すると、リソースグループ内のすべてのリソースが削除されます。

すべてのリソースは、常に1つのリソースグループにだけ所属します。1つのリソースを複数のリソースグループに所属させたり、どのリソースグループにも所属しない状態にしたりすることはできません。また、リソースグループ内に別のリソースグループを含め、階層構造にすることもできません。ただし、一度リソースグループに所属させたリソースを、あとから別のリソースグループに移動することは可能です。

【リソースグループ】

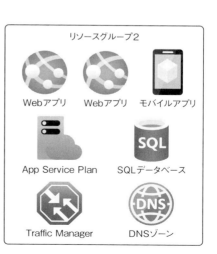

　各リソースには**タグ**と呼ばれる一種のラベルを設定できます。タグには自由な文字列を設定でき、リソースの分類や課金の集計に用います。タグは単なるラベルであり、いつでも自由に追加や削除ができます。また、1つのリソースに複数設定することもできます。そのため、目的別にタグを設定して、柔軟な課金集計が可能になります。タグの詳細は第5章と第6章を参照してください。

リソースグループは、リソースを論理的に分類するだけでなく、アクセス制御の単位として使用することで、管理範囲として使用できます。リソースグループに割り当てた権限はリソースグループ内のリソースに継承されます。

課金状況の集計は、リソースグループでもタグでも可能ですが、タグのほうが柔軟な集計ができます。MCP試験で「どちらを選んでも目的は達成できるが、どちらか一方を選ばなければならない」という場合は、「より一般的な利用方法」を選んでください。

3　管理グループ

　複数のサブスクリプションに対して、一貫した管理権限を割り当てたり、共通の機能制限をかけたりしたい場合があります。Azureでは**管理グループ（Management Group）**が提供されており、テナント内の複数のサブスクリプションをまとめて管理できます。

　Azureにおける「管理グループ」は、サブスクリプションや別の管理グループをまとめるコンテナーの役割を果たします。管理グループ内にサブスクリプションを配置すると、その管理グループに指定された管理条件が配下のすべてのサブスクリプションに自動的に適用されます。これによって、企業・組織のリソースが複数のサブスクリプションに分割されていても、一括管理することが可能になります。なお、1つの管理グループ内に含まれるサブスクリプションは、同一のAzure Active Directoryテナントを信頼している必要があります。

　管理グループを使うことで、サブスクリプションやリソースグループ、リソースのロール（役割）を階層的に管理できます。

【管理グループの構成例】

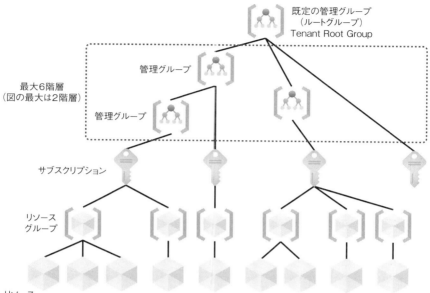

　上図のとおり、管理グループに適用されたアクセス、ポリシー、およびコンプライアンスがサブスクリプション、リソースグループの順に継承されて、最終的に各リソースに適用されることになります。

　管理グループを使うときは、以下の点に注意してください。

・1つのディレクトリでは、10,000個の管理グループをサポートできる
・管理グループのツリーは、最大6レベルの深さをサポートできるが、一般には2〜3程度に留めたほうがわかりやすいと思われる。なお、この制限にはルートレベルおよびサブスクリプション以下のレベルは含まれない
・各管理グループとサブスクリプションは、1つの親のみに所属できる
・各管理グループは、複数の子グループを持つことができる

試験対策 管理グループを階層的に構成することで、複数のサブスクリプションを整理して管理できます。

2-3 Azureのデータセンターの構成

契約が完了したら、実際にサービスを作成して利用することになります。Azureが提供する
サービスの多くは、「どのデータセンターで動作させるか」を指定する必要があります。デー
タセンターが配置されている地域のことを「リージョン」と呼びます。

1 リージョンとリソース

　Azure上に作成したサービスや機能を**リソース**と呼びます。仮想マシンはリソースの
一種です。また、仮想マシンが内部で使うディスク装置（仮想ディスク）などもリソー
スの一種です。このように、Azureでは複数のリソースがまとまって1つのサービスを提
供することがあります。

　リソースを作成するときには、一部の例外を除いて、次項で説明するリージョンを必
ず指定する必要があります。通常は近くのデータセンターを指定してください。いくら
ネットワークが高速になっても、遠方との通信には遅延が発生するため、近くのサーバー
を使ったほうが効率は上がります。

　一部のリソースはリージョン指定がありません。これらは**グローバルサービス**と呼ば
れます。これに対して、大半のリソースはリージョンを指定する**リージョンサービス**で
す。グローバルサービスの代表に、DNSサーバー（インターネットでホスト名とIPアド
レスの対応付けを行うサービス）があります。

2 一般利用可能なリージョン

　Azureのデータセンターは、**リージョン（地域）**と呼ばれる単位で管理されています。
現在世界中に60近いリージョンが展開され、各リージョンには、最低1つのデータセン
ターが含まれます。

　データセンターの正確な住所は公開されていませんが、米国の州や日本の都道府県ま
では公開されています。日本には「東日本リージョン」（東京・埼玉）と「西日本リージョ
ン」（大阪）があります。

　1つのリージョンには、最低1つ、通常は複数のデータセンターがあります。リージョ
ン内は高速で低遅延なネットワークで結ばれているため、個々のデータセンターの場所
を意識する必要はありません（特定のデータセンターを指定することもできません）。

たとえば、西日本リージョンは大阪に配置されていますが、具体的な住所やデータセンターの数は非公開です。1つかもしれませんし、複数のデータセンターが隣接しているかもしれません。

　利用者は、Azureを利用するときに、どのリージョンにサービスを展開するのかを指定しますが、リージョンにより利用可能なサービスや機能が変わる場合があります。たとえば、西日本リージョンではあまり高性能な仮想マシンを作ることはできませんが、東南アジアリージョンならたいていの仮想マシンサイズを利用できます。

リージョンには高速ネットワークで接続された複数のデータセンターが含まれますが、リソースの展開先として指定できるのはリージョン単位です。リージョン内のどのデータセンターに展開するかは指定できません。

Azureの管理ツールでは「リージョン」が「地域（Region）」と表示される場合と、「場所（Location）」と表示される場合がありますが、これらは同じ意味だと考えて構いません。

3　特別なAzureリージョン

　Azureのリージョンには、特定のコンプライアンスや法的要件を満たすために次のような特別なリージョンがあります。

- **Azure Government（北米）**…米国連邦政府・州政府・地方政府機関・米国防総省・米国家安全保障や、そのパートナー企業（納品業者）などが利用できる特別なリージョンです。
- **Azure China**…中国内のリージョンは、中国のインターネットサービスプロバイダーである21Vianet社が運営しています。このリージョンを使用するには21Vianet社との契約をする必要があります（https://docs.microsoft.com/ja-jp/azure/china/）。
- **Azure Germany（ドイツ）**…ドイツで特別なセキュリティ対策のもとで運営されているリージョンで、EUのデータ保護規制を遵守するために提供されています。そのため、個人データを保護するためのISO/IEC 27018、EUと米国のプライバシーシールド、EUの一般データ保護規則（GDPR）など、関連するプライバシー認証を取得しています（https://docs.microsoft.com/ja-jp/azure/germany/germany-welcome）。

試験対策

Azure Governmentは米国連邦政府と地方政府、および納品業者が使えます。中国は別会社が運営、Azure GermanyはEUのデータ保護規制を遵守するために存在します。

4 地理（geo）

　すべてのものはいつでも壊れる可能性があります。Azureでも、データセンターが丸ごと停止する可能性はゼロではありません。そこで、複数のデータセンターを数百km離れた場所に配置し、それぞれを互いの予備として利用する方法が考えられました。このとき予備となるデータセンター同士が含まれる地理的範囲を**地理（geo）**といいます。通常、地理は「日本」「英国」「ドイツ」など国単位で設定されていることが多いのですが、香港とシンガポールが含まれる「アジア太平洋」地理など、複数の国にまたがるものもあります。

　なお、「地理」だと一般名詞と紛らわしいので、会話では英語のまま「ジオ」と呼ぶことが多いようです。英語表記で「geo」と記述することもあります。Azureの公式ドキュメントでも「地理」「ジオ」「geo」が同じ意味で使われています。

試験対策

「地理」「ジオ」「geo」は、いずれも同じ意味で使われます。

5 リージョンペア

　どのリージョンも、同じ地理内の別のリージョンとペアで構成されています。これを**リージョンペア**と呼びます。リージョンペアは数百km離れたところに設定され、変更はできません。リージョンペア内でAzureのリソースを複製することで、自然災害、電源やネットワークの停止に備えることができます。

　リージョンペアは原則として相互に設定されます。たとえば、東日本と西日本、東南アジアと東アジアはお互いにリージョンペアを構成します。例外はブラジルとインドです。インドは国内に3つのリージョンがありますが、奇数なのですべてを相互ペアにできません。また、ブラジルのリージョンペアは米国中南部ですが、米国中南部のリージョ

ンペアは米国中北部です。ただし、ブラジルには2つ目のリージョンが開設される予定
があり、完成すればブラジル内でのリージョンペアに変更されると思われます。

【地理とリージョン】

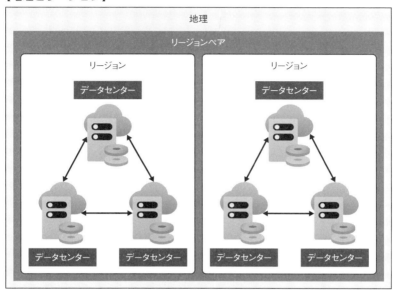

リージョンペア間の通信には料金がかかります。無駄に設定すると余計な出費が発生
するので注意してください。

試験対策

リージョンペアを使用すると、災害などによる地域全体の大規模障害からシ
ステムを保護できます。

6 可用性ゾーン（Availability Zone：AZ）

　リージョンペアは数百kmも離れています。これは安心ではありますが、ほとんどの場合はそこまでの距離は必要ありません。むしろ、あまり遠すぎると、通信遅延が大きくなり、データセンター切り替え後に不具合が出るかもしれません。

　そこで、もっと近いところ、具体的には数km〜数十km離れたところにデータセンターを用意して、より簡単な冗長化を行うことが考えられました。このとき、近接したデータセンター群（1つのこともあります）を**可用性ゾーン（AZ）**と呼びます。可用性ゾーンは比較的最近登場したものなので、すべてのデータセンターには行き渡っていません。たとえば、東日本（東京・埼玉）や東南アジア（シンガポール）には可用性ゾーンが存在しますが、西日本（大阪）や東アジア（香港）には存在しません。今後、順次展開されるということです。

【可用性ゾーン】

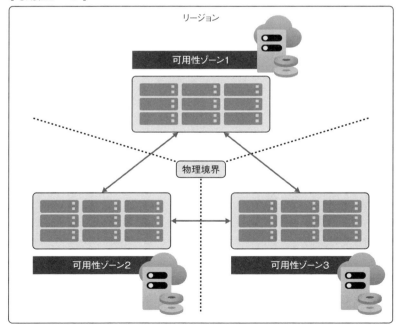

　可用性ゾーンを持つリージョンは少なくとも3つの地域に分散してデータセンターを持ちます。東日本リージョンには可用性ゾーンが存在するので、公開情報である「東京・埼玉」の2都県のどこか3ヶ所以上にゾーンが存在するはずです。

　可用性ゾーンは、Azureリージョン内にあり、それぞれ物理的に分離されたデータセンターで構成されるため、独立した電源、冷却装置、ネットワークが提供されます。つまり、可用性ゾーンに含まれる一方のデータセンターのサービスやリソースが停止した場合でも、もう一方は引き続き利用できます。複数の可用性ゾーンに仮想マシンを展開することで、99.99%の可用性がSLAとして保証されます。

試験対策　可用性ゾーンを使用すると、データセンター全体の障害から保護できます。

　SLA（サービスレベルアグリーメント）とは、マイクロソフトがサービスを提供する上での保証値です。SLAを逸脱すると、逸脱の度合いに応じて一定額の返金を受けることができます。

　AzureのSLAは月間で評価されます。たとえば、可用性は「（1ヶ月で利用できた時間）÷（1ヶ月の総時間）」で表します。たとえば、仮想マシンが9月1日から9月30日の1ヶ月で30分停止した場合、

$$((1ヶ月の総分数)-30分)÷(1ヶ月の総分数)×100(\%)$$
$$=((30日×24時間×60分)-30分)÷(30日×24時間×60分)×100(\%)$$
$$=99.93\%$$

となります。

　可用性ゾーンは高可用性を備えたAzureのサービスとして提供され、Azureリソース作成時にゾーン番号を指定します。各ゾーン番号が具体的にどこにあるかは公開されていません。

　可用性ゾーン間の通信にはわずかながらも料金がかかります（2021年7月1日から課金開始）。無駄に設定すると余計な出費が発生するので注意してください。

試験対策　2台以上の仮想マシンを2つ以上の可用性ゾーンに展開すると、99.99%の可用性がSLAとして保証されます。

可用性ゾーン（Availability Zone）はAWSで先行して導入された概念ですが、現在、AWSとAzureのAZはほぼ同じ機能となっています。ただしAWSのAZは「リージョンあたり2つ以上（通常は3つ以上）」であるのに対して、Azureは「リージョンあたり3つ以上（通常は3つ）」としています。なお、リージョンペアの概念はAWSにはありません。

7 リージョン内の冗長化

可用性ゾーンは、リージョンペアよりも近距離なので、障害からの切り替えがスムーズにできる可能性が高くなっています。しかし、現実にデータセンターが丸ごと停止することはほとんどありません。実際に多いのは単なるハードウェア障害でしょう。

そこで、リージョン内で日常的に起きているハードウェア障害に備えて、さらに手軽な**可用性セット**が提供されています。可用性セットは全リージョンで使用できますが、可用性ゾーンと併用することはできません。

なお、可用性セット内の通信には追加料金がかかりません。安心して使ってください。

●可用性セット（Availability Set）

可用性セットは、データセンター内でハードウェア障害が発生した場合や、メンテナンスが必要になった場合でも、Azureに展開したアプリケーションやサービス全体の停止を抑止するための構成です。

仮想マシンを作成する場合、事前に可用性セットを構成しておきます。同じ可用性セットに配置された複数の仮想マシンは、一般的なハードウェア障害やソフトウェア更新があっても「同時には停止しない」ことが保証されます。

可用性ゾーンを利用するときは、仮想マシンの作成時に配置場所を自分で指定する必要があります。しかし、可用性セットを利用するときは、複数の仮想マシンを同一の可用性セットに登録するだけで、場所を明示しなくても、自動的に適切な場所に分散配置してくれます。

可用性セットは、更新ドメイン（ソフトウェア更新に対応）と、障害ドメイン（ハードウェア障害に対応）で構成されます。同じ可用性セット内に展開された仮想マシンは、自動的に異なる更新ドメインと障害ドメインに配置され、99.95%のSLAが提供されます。

【可用性セット】

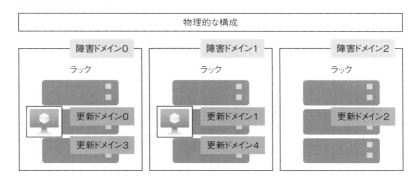

●更新ドメイン（Update Domain: UD）

　Azureを構成している物理マシンはWindows ServerをベースとしたHyper-V環境を利用しています。**Hyper-V**は、Windows Serverに標準装備された仮想マシン環境です。Hyper-Vや、それを動かしているWindows Serverもソフトウェアですから、更新プログラムの適用などの保守作業が必要です。しかし、更新の結果、物理マシンが再起動すると、その物理マシンで稼働している仮想マシンが一時的に停止してしまいます。

　これを避けるため、更新プログラムの適用などのメンテナンスイベントは、複数の物理マシンをまとめた**更新ドメイン**の単位で順番に適用されます。これによって、メンテナンス作業の実施中に利用中のすべての仮想マシンが使用不可になることを回避します。更新ドメインはデータセンターの論理的な区分です。異なる更新ドメインのリソースは、メンテナンスの影響を同時には受けません。

　既定では、可用性セット内に用意される更新ドメインは5つです。これは最大20まで増やすことができます。

●障害ドメイン（Fault Domain: FD）

　障害ドメインにはサーバーラックに配置された物理サーバーをサポートする電源、ファンなどの冷却装置、ネットワークハードウェアが含まれます。特定のサーバーラックに含まれるハードウェアに障害が発生した場合に、停止の影響を受けるのはそのラックのサーバーに限定されます。異なる障害ドメインに配置されたリソースは影響を受けません。ただし、データセンター全体の障害に対応することはできません。

　なお、障害ドメインの最大数は3ですが、実際に利用可能な数はリージョンによって制限されています。東日本および西日本で利用可能な障害ドメインは、可用性セットあたり2です。

●可用性セットの利用例

　たとえば、更新ドメインが5つ（0から4）、障害ドメインが3つ（0から2）の可用性セットAS1を作成したとします。ここに8台の仮想マシンA〜Hを作成した場合の割り当ての例を、以下の図に示します（更新ドメインと障害ドメインは独立した概念なので、現実には、1つの更新ドメインに障害ドメインがまたがる形で構成される可能性もあります）。

【可用性セットの利用例】

実際には更新ドメインと障害ドメインは独立した概念なので、
1つの更新ドメインが障害ドメインをまたがっても構わない

仮想マシン	更新ドメイン	障害ドメイン
A	0	0
B	1	1
C	2	2
D	3	0
E	4	1
F	2	2
G	0	0
H	1	1

可用性セットは、アプリケーションやデータを物理サーバーなどのハードウェア障害から保護することはできますが、データセンター全体の障害からは保護できません。

2台以上の仮想マシンを可用性セットに展開すると、SLAで99.95%の可用性が保証されます。

8 Azureの障害対策の基本

ここまで、Azureのデータセンターの構成について説明してきました。最後にAzureの障害対策の基本についてまとめておきましょう。

リージョンに依存しないサービス（グローバルサービス）の障害対策はAzureに任せます。利用者ができることはほとんどありません。

ハードウェア障害に対応する場合は可用性セットを使います。可用性セットが割り当てる障害ドメインは同一データセンター内に構成されるため、データセンターレベルの障害に対応したい場合は可用性ゾーンが必要です。

地域全体の障害も考慮する場合は、リージョンペアなどを使って冗長化します。この場合の構成手順はサービスごとに違います。

可用性ゾーンと可用性セットは併用できませんが、リージョンペアと可用性ゾーン、リージョンペアと可用性セットを併用することはできます。障害対策としてはこれで十分でしょう。

Azureで用意されている主な障害対策は以下のとおりです。

・ハードウェア障害には可用性セット
・データセンター障害には可用性ゾーン
・地域全体の障害には別リージョン（リージョンペアなど）

2-4 Azureで有効なコアリソース

Azureが提供するサービスはサードパーティー製品を除いても数百、サードパーティー提供サービスを含めると数千もあるようです。ここでは、Azureが提供する数多くのサービスのうち特に重要なもの（コアとなるもの）について説明します。

1 コンピューティングサービス

Azureのサービスの中で最もイメージしやすいのは、サーバーの利用ではないでしょうか。オンプレミスでは物理マシンを利用しますが、クラウドでは仮想マシンの利用が一般的です。さらに、仮想マシンすら意識せず「Webアプリケーションサーバー」のような抽象的な考え方を使うこともあります。このように、ハードウェアとしてのサーバーを意識しないこともあるため、クラウドでは利用者にコンピューター資源（コンピューティングリソース）を提供するサービスを、**コンピューティングサービス**あるいは**コンピュートサービス**と呼ぶことがあります。

Azureでも、ディスク、プロセッサ（CPU）、メモリ、ネットワーク、OSなどのコンピューター資源をまとめたアプリケーションの実行環境が、コンピューティングサービスとして提供されています。Azureコンピューティングのリソースは必要に応じて展開でき、通常は数分または数秒で展開が完了します。前節で説明したように、Azureコンピューティングサービスは、リソースの使用分のみ料金の支払いをします。

Azureコンピューティングサービスには、仮想マシンとコンテナー（軽量仮想マシン）があります。また、App ServiceやFunctionsを含めることもあります。App ServiceはWebベースのアプリケーション構築サービスで、Functionsはスクリプトの実行機能です。ただし、App ServiceとAzure Functionsは「コンピューティングサービス」ではなく、「サーバーレスコンピューティング」に分類する場合が多いので、第3章で解説します。

●仮想マシン

オンプレミスのサーバー機能をそのままクラウドで動作させるのに最も手軽なサービスが、**仮想マシン（VM）** です。仮想マシンには、仮想プロセッサ、メモリ、ストレージ、ネットワークリソースとともに、OSが含まれ、物理コンピューターと同じようにWindowsやLinux OSを実行できます。

仮想マシンは、リモート管理用のツールを使用して管理できます。Azureには、仮想マシンを実行できるサービスとして、Azure Virtual Machine Scale SetやAzure App Service、Azure Functionsなどを利用できます。ただし、Azure App ServiceとAzure FunctionsではOSの詳細な設定はできません。詳しくは後述します。

●Azure VM

　Azureが提供する仮想マシンが**Azure VM**です。多くの場合、Windowsまたは
Linuxを指定して展開します。Azure VMでは、既存のOSの機能がそのまま利用で
きるため（一部サポートされない機能があります）、オンプレミスに展開する物理
マシンや仮想マシンと同じように、Azure VMの環境をカスタマイズして使用でき
ます。

　新しくAzure VMを展開する場合には、Azure Marketplaceで公開されているイ
メージ（仮想マシンのひな形）を指定するか、利用者自身で作成する独自のイメー
ジ（カスタムイメージ）を登録して指定します。

【Azure VMの作成】

【Azure VMの管理】

試験対策　オンプレミス環境と最も互換性の高いサービスがAzure VMです。そのため、既存システムをそのまま移行するのに最適です。

● Azure Virtual Machine Scale Set（仮想マシンスケールセット）

　Azure Virtual Machine Scale Set（VM Scale Set） は、同じ構成の複数の仮想マシンをグループとして作成および管理できるAzureコンピューティングのリソースです。VM Scale Setでは、スケールセット内で負荷分散を行ったり、自動スケールを構成したりできます。自動スケールでは、VM Scale Set内のインスタンス（仮想マシン）の負荷やスケジュールによりインスタンスを自動で追加したり、削除したりすることが可能です。そのため、Webサーバーのスケールアウトによく使われます。

　VM Scale Setを使用すると、コンピューティング、ビッグデータ、コンテナーワークロードなどの分野で大規模なサービスを構築できます。

試験対策 Azure Virtual Machine Scale Setは、同じ構成の仮想マシンを必要に応じて増減させることができます。そのため、Webサーバーなどのスケールアウトに最適です。

●Windows Virtual Desktop

Windows Virtual Desktopはクラウドで実行されるデスクトップやアプリケーションの仮想化サービスです。Windows 10やMicrosoft 365に最適な**仮想デスクトップインフラストラクチャ（VDI）**です。VDIは、いわゆる「シンクライアント」環境を提供する機能です。シンクライアント環境では、すべてのアプリケーションはサーバー側（VDIではAzure上）で実行され、利用者が使うクライアントは、画面表示とキーボード・マウス操作だけを担当します。

　一般に、クラウドの仮想マシンはサーバーを提供しますが、Windows Virtual DesktopはWindows 10と同様のクライアントOSを提供します。

●コンテナー

　仮想マシンは、オンプレミスと同じように扱えるのが利点ですが、これは同じようにしか扱えないという欠点にもつながります。特に起動に時間がかかることが問題になってきました。

　クラウドでは、弾力性と迅速性を重視します。これは、必要なサーバーを、必要なときに起動し、不要になればすぐ削除することでコストを最適化できるからです。しかし、通常の仮想マシンは起動に数十秒かかってしまいます。「負荷が上昇してきたので、サーバーを追加したい」と思っても、サーバーの起動が追いつかないかもしれません。

　そこで注目されているのが**コンテナー**です。コンテナーは軽量で、動的に作成、スケールアウト、および停止でき、問題が発生した場合でも素早く再起動できるアプリケーションを実行するための仮想化環境です。一種の仮想マシンですが、数秒から十数秒で起動するため、待ち時間がほとんど発生しません。

　Azureの仮想マシンは、Windows Server標準の**Hyper-V**を利用しています。Hyper-Vの仮想マシンはすべて独立した仮想ハードウェアを持ちます。仮想マシンごとに別のOSがインストールされるため、WindowsとLinuxを混在できるという利点はありますが、メモリが別々に割り当てられるなど、利用効率はよくありません。

【仮想マシン（Hyper-V）】

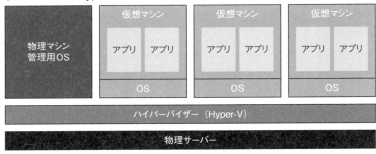

　コンテナーでも、OS上に一種の仮想環境を作成する点は変わりませんが、個々のコンテナーはコンテナーエンジンを通して、コンテナーが動作しているサーバーのOSをそのまま使います。そのため、LinuxコンテナーエンジンではLinuxコンテナーしか動作しないという制約は存在しますが、仮想マシンのように個別にOSを動作させるよりもずっと効率よく動作します。ただし、コンテナーによる仮想環境は基本的にGUIを持たず、コマンドで操作する必要があります。

【コンテナー】

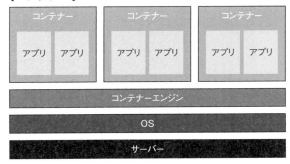

　AzureではDocker社のテクノロジーを利用したDockerコンテナーを利用できます。

試験対策　コンテナーは、仮想マシンを素早く起動できますが、コンテナー仮想マシンの管理作業は原則としてコマンド操作が必要です。

●Azure Container Instances

Docker社のコンテナー技術をAzure上に実装したのが**Azure Container Instances（ACI）**です。また、ACIが使うためのコンテナーイメージ（構成済みコンテナー）の保存場所が**Azure Container Registry（ACR）**です。ACRは、Docker社が提供するDockerイメージ共有サービス「Docker Hub」と同様のイメージ管理機能を組織内に提供します。

ACIを使用すると、Azureで仮想マシンを管理せずにコンテナーを簡単に実行できます。ACIでは、単純なアプリケーションの実行や、決まった処理の自動化などを、分離された環境で操作できます。

ACIでは、WindowsコンテナーとLinuxコンテナーを利用できます。

AzureでDockerコンテナーを実行する仕組みを「ACI（Azure Container Instance)」と呼びます。ACIのためのコンテナーイメージの保存場所が「ACR（Azure Container Registry)」です。

●Azure Kubernetes Service

ACIを使うことで、コンテナーの作成は簡単になりますが、起動や停止は管理ツールで別途行う必要があります。しかし、これは案外面倒な作業です。コンテナーは、高速に起動でき、削除も簡単なため、必要に応じて作成したり削除したりといった作業を繰り返すのが一般的だからです。

そこで、多数のコンテナーを容易に管理するために、**Azure Kubernetes Service（AKS）**を利用できます。Kubernetes（クーバネティス）はもともとGoogleのエンジニアが作成したものですが、現在は多数の開発者がかかわるオープンソース製品となっています。KubernetesをマイクロソフトがAzure上に実装したサービスがAKSです。

AKSは、分散アーキテクチャ上で大量のコンテナーを管理するためのオーケストレーションサービスです。ここでの**オーケストレーション**とは、事前の設定に基づき、コンテナーの開始、停止、スケールアウトなどを自律的に行う仕組みを指しています。

多数のコンテナーの実行環境を管理するサービスが、AKS（Azure Kubernetes Service）です。

2　Azureネットワークサービス

　コンピューティングサービスの目的は、文字どおり「計算すること」です。ここでいう「計算」は、データ処理全般を指します。クラウドでは、スケールアウトによって複数の仮想マシンを使用するのが一般的ですし、多数のコンテナーが連携して通信することもよくあります。そこで、コンピューティングサービスが通信するための機能が必要です。もちろん、インターネット接続を必要とすることも多いでしょう。こうした通信機能を提供するのが**Azureネットワークサービス**です。

　Azureネットワークサービスには、仮想マシン同士を接続する「仮想ネットワーク（VNET）」のほか、オンプレミスのネットワークとAzureのネットワークを接続する「仮想ネットワークゲートウェイ」、仮想マシンをインターネットに公開する機能（パブリックIPやファイアウォール機能など）といったものがあります。

　また、ネットワークで使用するさまざまなコンポーネントがネットワークのサービスとして提供されているため、負荷分散構成を実装したり、既存のネットワークサービスをPaaSサービスに移行できます。

●Azure Virtual Network（仮想ネットワーク：VNET）

　Azure Virtual Network（仮想ネットワーク）は、仮想マシンやその他のAzureリソースを接続するネットワークとして使用できます。Azureに作成された仮想ネットワークには1つ以上のサブネット（分離領域）を作成し、仮想マシンを配置します。必要であれば、サブネット間の通信を制限できます。

　既定ではサブネット間の通信は制限されないため、同じ仮想ネットワークに参加している仮想マシン間は異なるサブネットでも通信できます。これは、仮想ネットワークには**システムルート**（System Route：システム経路）と呼ばれる自動で構成されるルーティング（中継）環境があるためです。

【仮想ネットワーク】

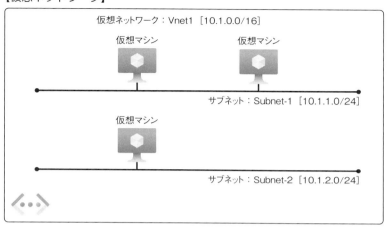

個々の仮想ネットワークは独立したネットワークとして構成されるため、ほか
の仮想ネットワークに参加する仮想マシンとの通信はできません。ほかの仮想ネッ
トワークと通信するには、仮想ネットワーク同士を**ピアリング**（直接接続）や
VNET間接続（「仮想ネットワークゲートウェイ」と呼ばれる中継装置を構成して
接続）によって接続し、相互通信環境を確立する必要があります。

セキュリティ上の理由から、独自の中継用サーバーを利用したい場合がありま
す。そのためには、以下の2つのリソースを作成します。

- **ネットワーク仮想アプライアンス（NVA）**…複数のネットワークカードを持っ
  た仮想マシンを作成し、サブネット間のルーティング機能とセキュリティフィ
  ルター機能を構成します。
- **ユーザー定義ルート（UDR）**… NVAのルーティング機能を使うため、システ
  ムルートよりも優先度の高いルートを定義します。システムルートを直接変更
  したり削除したりはできませんが、優先度の高いUDRを使うことで経路を変
  更できます。

試験対策

独自の中継サーバーを使ってサブネット間の通信を行うには、中継用の「ネット
ワーク仮想アプライアンス（NVA）」と、中継経路変更のための「ユーザー
定義ルート（UDR）」が必要です。

【ネットワーク仮想アプライアンス（NVA）の利用】

仮想ネットワーク：Vnet1 ［10.1.0.0/16］

仮想マシン　　　　　仮想マシン

ユーザー定義ルート
（UDR）

サブネット：Subnet-1 ［10.1.1.0/24］

ネットワーク仮想
アプライアンス（NVA）

仮想マシン

サブネット：Subnet-2 ［10.1.2.0/24］

ユーザー定義ルート
（UDR）

仮想ネットワークとオンプレミスのネットワークを接続する場合は、**仮想ネットワークゲートウェイ**（**VPNゲートウェイ**または**ExpressRoute**）を利用します。VPNゲートウェイはインターネットを利用しますが、ExpressRouteはインターネット環境を使わず、ネットワーク接続業者のネットワークを利用してオンプレミスとAzureを結びます。

試験対策　仮想ネットワークは独立したネットワークです。ピアリングやVNET間接続で、仮想ネットワーク同士を接続しない限り、別の仮想ネットワークに展開された仮想マシン間では通信できません。

● VPNゲートウェイ

Azure内の通信は仮想ネットワークだけで十分です。しかし、仮想ネットワーク単体には、オンプレミスと接続する機能はありません。インターネットと接続する機能は標準で持っているため、インターネット経由で通信することは不可能ではありませんが、セキュリティ上のリスクがあります。

Azureと社内ネットワークを結ぶためのサービスが**VPNゲートウェイ**です。VPNゲートウェイは、サイト間接続（Azure仮想ネットワークとオンプレミスネットワークをインターネット経由で接続）や、VNET間接続（Azure仮想ネットワーク間を、Azure内部ネットワーク経由で接続）を提供します。サイト間やVNET間の通信は、いずれも暗号化されます。

仮想ネットワークとオンプレミスのネットワークを接続する場合には、仮想ネッ

トワークにゲートウェイ用サブネット（**ゲートウェイサブネット**）を作成し、VPNゲートウェイを追加します。ゲートウェイサブネットがVPNゲートウェイの設置場所であり、VPNゲートウェイが中継装置に相当します。また、接続先のオンプレミスネットワークにもVPNデバイスが必要となります。

【VPNゲートウェイ】

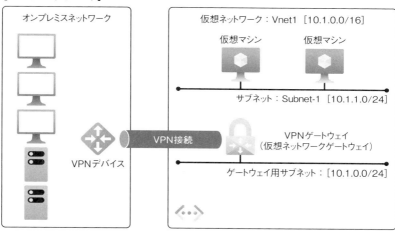

ゲートウェイサブネットが必要なのは、Azureが特別なセキュリティ設定を自動的に行うためだと推測されます。一般に、サブネットは通信を制限し、セキュリティを強化するために使えます。ゲートウェイサブネットも同様です。

ゲートウェイサブネットを含め、サブネットの作成は無償ですが、VPNゲートウェイは1時間単位で課金されます。

Azureのサービスにおいて「仮想ネットワークゲートウェイ」は、「VPNゲートウェイ」と「ExpressRoute」の総称です。ただし、一般には「VPNゲートウェイ」に「ExpressRoute」を含める（つまり「仮想ネットワークゲートウェイ」の意味で「VPNゲートウェイ」を使う）場合もあるので、注意してください。

オンプレミスのクライアントから仮想ネットワークにプライベートネットワークとして接続するには、仮想ネットワークにゲートウェイサブネット（設置場所）と仮想ネットワークゲートウェイ（中継装置）が必要です。仮想ネットワークゲートウェイには、VPNゲートウェイとExpressRouteがあります。

● ExpressRoute

VPNゲートウェイを使うことで、社内ネットワークとAzureを結ぶことができました。しかし、VPNゲートウェイはインターネット回線を使うため、速度や安定性についての課題が残ります。特に問題になるのが、ネットワークの遅延時間です。インターネットは多くのネットワーク提供者が相互接続することで実現されているため、それだけ中継段数が増えてしまいます。中継段数が増えると、遅延（信号伝達時間）が大きくなり、スムーズな通信ができなくなります。

この問題を解決するのが**ExpressRoute**です。ExpressRouteは、特定の通信回線業者の閉域ネットワークを使用して、オンプレミスネットワークとマイクロソフトクラウドを接続するためのサービスです。

ExpressRouteは、Azureデータセンターだけでなく、Microsoft 365やDynamics CRMなどのマイクロソフトクラウドサービスとの接続も可能で、インターネットを経由しないため、高速で、遅延の小さい、安全な通信を実現できます。具体的には、ExpressRouteは最大100 Gbpsの帯域幅での接続が提供されます。

【ExpressRoute】

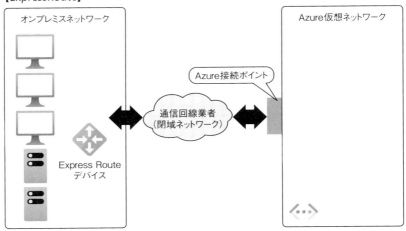

ExpressRouteは、マイクロソフトパートナーであるネットワークサービスプロバイダーの協力で提供されるサービスとなるため、ネットワークサービスプロバイダーとの契約も必要になります。もちろん料金はAzureと別にかかります。

ExpressRouteのAzure側の課金モデルには、月額固定料金に基づいて課金される**データ無制限モデル**と、月額料金と1 GBごとのデータ転送料金に基づき課金される**データ従量課金モデル**があります。データ従量課金モデルの通信料は、仮想ネットワークゲートウェイよりもずっと安価ですが、基本最低料金が設定されているため、まったく使わない場合でも一定額の課金があるので注意してください。

試験対策 社内ネットワークとAzureを接続する場合、VPNゲートウェイは完全従量課金となります。ExpressRouteは、最低料金付きの従量課金または完全固定料金が選択できます。

●仮想ネットワークピアリング（VNETピアリング）

仮想ネットワークピアリング（VNETピアリング） は、2つの仮想ネットワーク（VNET）を、VPNゲートウェイを使わずに直接接続する方法です。VNETピアリングを使うことで、2つの仮想ネットワークを接続し、相互に通信することができます。

VNETピアリングは、同一リージョンでも異なるリージョンでも構成できます。異なるリージョンを接続する場合を**グローバルピアリング**と呼びます。

VPNゲートウェイを使ったVNET間接続でも同様の通信が可能ですが、以下の点で違いがあります。

- ・ピアリングはVPNゲートウェイが不要（VPNゲートウェイの料金が不要）
- ・ピアリングは送受信ともに課金対象（同一リージョンのVNET間接続は通信量の課金なし）
- ・ピアリングには速度制限がない（VPNゲートウェイはSKUごとに速度が設定）
- ・ピアリングにはルーティング機能がない（2拠点間の接続のみを想定している）

【VNET間接続とピアリングの違い】

	VNET間接続	ピアリング
VPNゲートウェイ	要	不要
通信データ課金	リージョン内は不要 リージョン間は送信のみ課金	送受信ともに課金
速度制限	VPNゲートウェイのSKUで制限	なし
ルーティング	可能	考慮していない

●Azure Load Balancer（ロードバランサー）

クラウドではスケールアウトが重視されます。そのため、多数のサーバーが連携して動作する機能が必要です。スケールアウトを実現するための機能はいくつかありますが、最も基本的なサービスが**Azure Load Balancer**です。

Azure Load Balancerは、TCPおよびUDPアプリケーションへの高可用性および負荷分散を実現します。たとえばWebアクセス（HTTPまたはHTTPSのプロトコル）を制限したり、リモートデスクトップ接続（RDP：リモートデスクトッププロトコル）を制限したりできます。

正確にいうと、Azure Load Balancerは**レイヤ4負荷分散装置**です。レイヤ4とは、

TCP/IPネットワークの場合、TCPまたはUDPといった転送プロトコルとポート番号を意味します。たとえばHTTPは「TCPを使った80番ポート」、RDPは「TCPを使った3389番ポート」のように、アプリケーションごとにルールが決まっています。

　Azure Load Balancerは、外部（インターネット）からの要求を受け負荷分散するパブリックロードバランサーと、仮想ネットワーク内の要求を負荷分散する内部ロードバランサーのいずれかを選んで構成することができます。

　Azure Load Balancerは、前述のVirtual Machine Scale Setでも使用できます。

【Azure Load Balancer】

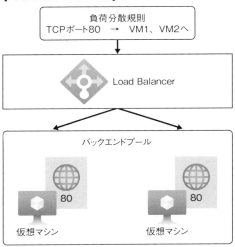

3　Azure Storageサービス

　ここまでコンピューティングサービスとネットワークサービスについて説明してきましたが、サーバーを利用するには、もう1つ大事な要素があります。それは**ストレージ（記憶領域）**を提供する**Azure Storageサービス**です。

　最もわかりやすい記憶領域は、仮想マシンの仮想ハードディスクファイル（VHD）ですが、そのほかにWebアプリやモバイルアプリのコンテンツなど、さまざまなデータを格納する記憶領域が必要になります。

　Azure Storageサービスではデータを以下の3種類に分類し、それぞれに対応したサービスが提供されています。

・**構造化データ**…構造化データはリレーショナルデータとも呼ばれ、データにフィールドやプロパティがあり、データベーステーブルとして格納できます。入力、クエリ、

分析を簡単に行えるという利点がありますが、データの構造を厳密に決めておく必要があります。たとえば文字列なら最大何文字か、整数値なら最大数はいくつなのか、といった具合です。

・**半構造化データ**…半構造化データは、リレーショナル形式のように整理されてデータが格納されないデータ構造です。半構造化データには、データの編成と階層を表すタグが含まれます。Webサービスのデータ交換で使われるXMLや、Azure Resource Managerなどで使われるJSON形式は、半構造化データの例です。半構造化データは、非リレーショナルデータやNoSQLデータとも呼ばれます[2]。

・**非構造化データ**…非構造化データは、データの種類を制限しない、構造を持たないデータです。非構造化データは後述するBLOBとして扱われ、仮想マシンのVHDファイル、画像データ、映像データ、PDFファイルなどが含まれます。XMLやJSONが持つタグ情報を無視することで、非構造化データとして扱うこともあります。

●ディスク（マネージドディスク）

　仮想マシンが利用するディスク装置は**マネージドディスク（管理ディスク）**サービスとして割り当てられます。単に「ディスク」といった場合、通常はマネージドディスクを指します。マネージドディスクには以下の3種類があります。

　　・Premium SSD
　　・Standard SSD
　　・Standard HDD

　いずれも、作成時にGB単位で容量を指定します。ただし、課金は64 GB、128 GB、256 GBといった単位で行われ、端数は切り上げられます。そのため、129 GBのディスクを作成すると128 GBの次の単位である256 GB分の課金が行われます。

　Standard HDDとStandard SSDは、IOPS（1秒間に何回操作できるか）や転送速度の差はほとんどありませんが、遅延に差があります。もちろんStandard SSDのほうが高速です。また、遅延時間のばらつきも大きいようです。そのため、安定した利用にはStandard SSDのほうが適しています。Premium SSDは、転送速度が高く遅延は小さいものの、IOPSは容量によって大きく変化します。128 GBではStandard HDDやStandard SSDと同じIOPSですが、それを下回るとかえって遅くなり、上回ると性能が上がります。実際にはPremium SSDには一時的に性能を上げる「バースト」機能があり、小容量でも最大3,500 IOPSの性能を持ちます。常に低速なわけではありません。

　マネージドディスクは仮想マシン専用であり、ほかのサービスから使うことはありません。

※2　ここでの「リレーショナル」「SQL」は、「リレーショナルデータベースに格納されるような構造化データ」を指し、そのようなデータではないという意味で使われています。

●ストレージアカウント

　マネージドディスクは契約容量で課金されるため、使用量が大きく増減するような用途にはあまり適していません。また、サイズは増やせますが、減らすことはできないため、使用量に応じてコストを最適化することもできません。

　アプリケーションから使う場合に便利なのが、**ストレージアカウント**です。ストレージアカウントとは、さまざまな種類のデータを保存するためのサービスのことです。ストレージアカウントの種類のうち、Standard（ハードディスクタイプ）の場合は、使った分だけ課金されるので最小限のコストで済みます。ストレージアカウントには最大500 TBのデータを保存でき、データ数は無制限です。

試験対策　ストレージアカウントに保存可能なデータ数は無制限、最大容量は500 TBです。

　ストレージアカウントには多くの種類があり、それぞれ利用できる機能が違います。中でも、BLOB、File、Table、Queueという4つのストレージサービスをセットで利用できるストレージアカウントを**汎用ストレージアカウント**と呼びます。実際に作成可能なストレージアカウントの種類は以下のとおりです。

●Standard（ハードディスク）の場合
　・**Storage（汎用v1）**…BLOB、File、Table、Queueを利用可能
　・**StorageV2（汎用v2）**…BLOB、File、Table、Queueを利用可能
　・**BLOBStorage**…ブロックBLOBのみ利用可能

●Premium（SSD）の場合
　・**Storage（汎用v1）**…BLOB、File、Table、Queueを利用可能
　・**StorageV2（汎用v2）**…BLOB、File、Table、Queueを利用可能
　・**BlockBLOBStorage**…ブロックBLOBのみ利用可能
　・**File**…Fileのみ利用可能

　また、Standard StorageV2（汎用v2）のBLOBとFile、およびBLOBStorageではアクセス層機能（利用頻度に応じたコスト最適化機能）を利用できますが、Storage（汎用v1）では利用できません。アクセス層には以下の3種類があります。

　・**ホット**…頻繁にアクセスするデータに最適です。
　・**クール**…アクセスする頻度がそれほど高くないデータに最適です。安価ですが、30日以内の削除は追加課金があります。
　・**アーカイブ**…アクセスがほとんどないデータに最適です。極めて安価ですが

180日以内の削除は追加課金があります。また、データの読み取りはアクセスリクエストを出してから最長で数時間かかります。

ストレージアカウントでは、ストレージの障害に備えてほかのストレージへのデータの自動コピー機能が提供されます。作成されるコピーの数や場所はレプリケーションオプションで決定されます。自動コピー機能については、このあとの「レプリケーションオプション」で説明します。

なお、マネージドディスクは内部でストレージアカウントを使っていますが、その存在は利用者からは見えません。「Azureが管理するストレージアカウントを使ったディスク」という意味で「マネージドディスク」と呼ばれています。

ストレージアカウントには多くの種類があり、利用可能な機能も複雑です。以下の表にまとめたので参考にしてください。

【ストレージアカウント】

	ブロック BLOB	ページ BLOB	File	Table	Queue	アクセス層	冗長化 （自動コピー機能）
汎用v1 Standard	○	○	○	○	○	×	LRS/GRS/RA-GRS
汎用v2 Standard	○	○	○	○	○	○	すべて
汎用v1 Premium	×	○	×	×	×	×	LRS
汎用v2 Premium	×	○	×	×	×	×	LRS
BLOBStorage （Standardのみ）	○	×	×	×	×	○	LRS/GRS/RA-GRS
BlockBLOBStorage （Premiumのみ）	○	×	×	×	×	×	LRS/ZRS
File （Premiumのみ）	×	×	○	×	×	×	LRS/ZRS

試験対策 一般的なデータは「ホット」、アクセス頻度は少ないものの必要なときはすぐ取り出したい長期保存データは「クール」を使用します。「アーカイブ」は、すぐに取り出す必要のない長期保存データに適しています。

【ストレージアカウントの管理】

> **コラム**
> ストレージアカウントの「アカウント」は「ユーザーアカウント」の意味で
> はなく、銀行口座（Bank Account）の「アカウント」と同じく「取引する」と
> いう意味です。たとえば、現在個人で銀行口座を開設すると、ほとんどの場
> 合「総合口座」を作ることになるでしょう。総合口座には、普通預金が利用
> できるほか、オプションで定期預金や自動融資機能がついてきます。同様に、
> 汎用ストレージアカウントを開設すると、BLOB、File、Table、Queueが自動的
> に利用できるようになります。

●汎用ストレージアカウントで利用可能なサービス

　汎用ストレージアカウントでは、BLOB、File、Table、Queueの4つのストレー
ジサービスが利用できます。それぞれの意味は以下のとおりです。

● BLOBストレージ（コンテナーストレージ）

　アプリケーションからファイルを保存したり取り出したりするのに便利なのが
BLOBストレージです。BLOBストレージにファイルを保存するには、コンテナー
を作成する必要があります。コンテナーはBLOBストレージにのみ存在するため、
BLOBストレージは**コンテナーストレージ**とも呼ばれます。階層構造はありません
（強いていえば1階層です）。コンテナーには認証を必要とせずURLがわかれば誰で

も利用できる**匿名アクセスレベル**と、認証が必要なアクセスレベルがあります。

　BLOBストレージでは、非構造化データ（要するに単なるファイル）としての
BLOB格納用の領域が利用できます。**BLOB（Binary Large Object）**は、バイナ
リオブジェクトとして扱うデータの形式で、順次アクセスに最適な**ブロック
BLOB**、ランダムアクセスに最適な**ページBLOB**、追加のみが可能な**追加BLOB**を
保存できます。

　追加BLOBは改ざんができないため、各種プログラムのログを保存する場合など
に使います。ページBLOBは、仮想マシン用の仮想ディスクファイル（VHD）の
ために利用します。これを**非マネージドディスク**と呼びます。ページBLOBは非マ
ネージドディスク以外に利用するケースはあまり多くありません。現在、仮想ディ
スクはマネージドディスクを使うのが一般的なので、利用者が明示的に指定して
ページBLOBを使用する場面は減少しつつあります。なお、ブロックBLOBを非マ
ネージドディスクとして使うことはできません。

●Fileストレージ

　階層構造が必要な場合や、専用のアプリケーションを作成したくない場合は、
File ストレージを利用して、単なるファイルサーバーのような使い方ができます。

　FileストレージはWindows 8/Windows Server 2012以降の標準ファイル共有プ
ロトコル「SMB（Server Message Block）3.0」を使用するため、Windows Server
にネットワークドライブとして追加できます。SMB 3.0はファイル転送の暗号化機
能を備えているため、インターネット上でも安全に利用できます。また、macOS
やLinuxからは、SMBを指定して接続（マウント）することで、外部ディスクとし
て利用できます。

　仮想マシンを使ってファイルサーバーを構築した場合、仮想マシンだけで月額
1万円以上もかかってしまいますが、Fileストレージを使えば1 GBあたり数円で済
みます。

●Tableストレージ

　Tableストレージには半構造化データを扱うためにテーブル形式でデータを格納
できます。Tableストレージにはリレーショナルデータベースシステムは含まれな
いため、Tableストレージに作成されるテーブルにリレーショナル形式のデータを
格納することはできません。Tableストレージを使う場合、アプリケーションプロ
グラムを作成する必要があります。

●Queueストレージ

　Queueストレージでは、アプリケーション間で非同期型の通信を実現するため
のメッセージを格納するキューを作成できます。たとえば異なる組織のサーバー
間で通信する場合、相手が動作している保証がありません。Queueストレージを使
うと、相手が停止しているときは自動的に再送信が予約され、確実にデータが送

信されます。Queueストレージを使う場合、アプリケーションプログラムを作成する必要があります。

仮想マシンで使用する非マネージドディスクは、ページBLOBに格納されます。ブロックBLOBに非マネージドディスクを配置することはできません。マネージドディスクは内部ではページBLOBを使いますが、その存在は隠されているため、単に「ディスク」というリソースとして考えても問題ありません。

Windows Serverにネットワークドライブを追加する場合には、Fileストレージ内のファイル共有を使用できます。Linuxから使用する場合はSMBを使うことを指定します。

● レプリケーションオプション

　マネージドディスクやストレージアカウントを使ってデータを保存できますが、すべてのものはいつでも壊れる可能性があります。クラウドでは「壊れないようにする」ではなく、「壊れても大丈夫」という考え方でシステムを設計するのが一般的です。

　ストレージアカウントには、以下の6つの冗長化オプションがあります。

- **ローカル冗長（LRS）**…同じリージョンの同じデータセンター内に3つのコピーを保持します。PremiumストレージではLRSのみ利用可能です。
- **ゾーン冗長（ZRS）**…同じリージョン内の別々の可用性ゾーンに3つのコピーを作成します。Azureで可用性ゾーンを持つリージョンには、必ず3つ以上の可用性ゾーンがあります。ゾーンの利用は汎用v2が必要です。
- **地理冗長（GRS）**…プライマリリージョン（ストレージアカウントの作成時に指定したリージョン）に3つのコピーを保持します。また、セカンダリリージョンと呼ばれる別リージョンに、予備としてさらに3つのコピーを作成します。セカンダリリージョンには、プライマリリージョンのリージョンペアが使用されます。正常稼働時はプライマリリージョン内のマスターとなるデータにのみアクセス可能です。各リージョン内ではLRSとして保存されます。
- **読み取りアクセス地理冗長（RA-GRS）**…保持するコピーは地理冗長と同じですが、RA-GRSでは、セカンダリリージョンの保持するコピーされたデータに読み取り専用のアクセスができるようになります。各リージョン内ではLRSとして保存されます。
- **地理ゾーン冗長（GZRS）**…地理冗長のプライマリリージョン（読み書き可能な場所）をゾーン冗長に変更したものです。

・**読み取りアクセス地理ゾーン冗長（RA-ZGRS）**…読み取りアクセス地理冗長のプライマリリージョン（読み書き可能な場所）をゾーン冗長に変更したものです。

これらのオプションは、冗長度が上がるほど容量価格も増加します。最も安価な冗長化がLRSで、ZRS、GRS、GZRS、RA-GRS、RA-GZRSの順に高価になります。最適なストレージは、想定した障害に対応可能な冗長化オプションのうち、最も安価なものと考えられます。たとえばデータセンター障害に対応が必要な場合、利用できる冗長化レベルはGRSやZRSなどがありますが、最も安価なのはZRSなので、ZRSを選択すべきです（ただし、汎用v1ではZRSは利用できません）。

【ストレージアカウントの冗長化オプション】

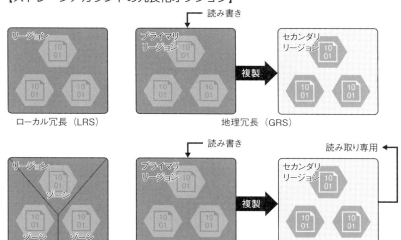

ローカル冗長（LRS）　　地理冗長（GRS）　　ゾーン冗長（ZRS）　　読み取りアクセス地理冗長（RA-GRS）

試験対策　各レプリケーションオプションで、どこにいくつの複製データが保持され、どの範囲の障害に対応可能かは非常に重要です。ローカル冗長とゾーン冗長は合計3つの複製を作り、地理冗長と読み取りアクセス地理冗長はリージョンペアに追加で3つ（合計6つ）の複製を作ります。

試験対策　最適なストレージとは、想定した障害に対応可能な冗長化オプションのうち、最も安価なものを指します。たとえばデータセンター障害に対応が可能で、最も安価なのはZRSなので、ZRSを選択すべきです。

4 データベースサービス

　構造化データや半構造化データを扱うためのサービスが**データベースサービス**です。Azureではデータの種類や用途に応じて複数のサービスが提供されます。

●Azure Cosmos DB

　半構造化データについては汎用ストレージアカウントが提供するTableが利用できます。しかし、Tableは安価な反面、それほど高い機能を持たない上、大規模システムで使うには性能面での課題もあります。

　Azure Cosmos DBはNoSQL[※3]型のデータベースで、世界中のAzureリージョンに分散可能なデータベースサービスです。

　Table互換機能のほか、オープンソースのデータベースであるMongoDBやCassandra、およびGremlin[※4]との互換機能も備えているため、開発者は慣れたデータベースと同じように開発ができます。

　また、指定した世界中のリージョンにデータベースを分散展開し、データはリージョン間で自動的に複製されます。複製はリージョン間で双方向に行われ、どのリージョンが停止してもサービスは停止しません。複製されたどのデータベースに対しても書き込み可能なことを**マルチマスター**と呼びます。これに対して、書き込み可能なデータベースが1つしかない状態を**シングルマスター**と呼びます。Cosmos DBは、読み書きの両方の処理に対し、99.999%の可用性が実現されます。このサービスにより、待ち時間が短く、可用性に優れたグローバルに分散されたアプリケーションを構築できます。Cosmos DBは、JSONやXMLといったドキュメントのほか、データの関係性を示すグラフ、静止画像や動画などのデータを格納できます。

試験対策

Azure Cosmos DBは、NoSQL型のグローバル分散型マルチマスターデータベースサービスです。

※3　SQLは、リレーショナルデータベースの操作言語です。NoSQLは「SQLを使わない」、つまり「リレーショナルデータベースではない」という意味があります。ただし、NoSQL製品の中には一部のSQL文が利用可能なサービスもあります。

※4　MongoDBは、JSONなどの半構造化ドキュメントを扱います。Casandraは、キー・バリュー型データストアの一種です。Gremlinは、SNSの交友関係などの「グラフ処理」を提供するデータベースです。

マイクロソフトによると、「惑星規模（Planet Scale）に分散が可能」というこ
とで「宇宙（Cosmos）」と名付けられたようです。「全世界（Global）」ではな
く「惑星（Planet）」としたところに、「地理的な距離を克服する」という強い
意志が感じられます。

●Azure Database Services

　非構造化データについては、Azure Cosmos DBや汎用ストレージアカウントの
Tableストレージを使えば、安全に保存できます。しかし、構造化データを扱う場
合はリレーショナルデータベース（RDB）のほうが高機能です。AzureではRDB
の機能として、**Azure Database Services**を利用できます。Azure Database
Servicesは、PaaSとして提供されるマネージドデータベースで、「Azure Database
for PostgreSQL」と「Azure SQL Database for MySQL」を利用できます。
PostgreSQLとMySQLはいずれもオープンソースのリレーショナルデータベース
です。

　Azure Database Servicesは、PaaSであり仮想マシンの保守は不要です。そのた
め、データベースシステムに費やす管理コストを削減できます。また、組み込み
の高可用性機能や、自動監視や脅威検出によるセキュリティ機能、パフォーマン
ス向上のための自動チューニング機能を利用できます。

●Azure SQL Database

　もちろん、マイクロソフトが提供するデータベースSQL Serverと互換性のある
サービスもあります。**Azure SQL Database**は、Microsoft SQL Serverデータベー
スエンジンに基づくリレーショナルデータベースサービスです。SQL Databaseは、
SQL Serverがインストールされた仮想マシンを管理することなく、パフォーマン
ス、信頼性に優れ、組み込みのセキュリティ保護機能が利用できるデータベース
です。

●Azure SQL Managed Instance

　Azure SQL Databaseは、標準のSQL Serverと互換性のない部分があります。た
とえば、Azure SQL DatabaseではCLR（Common Language Runtime）機能を利
用できません。CLRは、C#言語などでSQL Serverの機能を拡張する仕組みです。
　Azure SQL Managed Instanceを使うことで、大半の制約がなくなります。
Managed Instanceは、内部的にはAzure上の仮想マシンですが、通常の仮想マシ
ンと違ってすべてAzureが管理してくれます。ただし、仮想マシンを占有するため
SQL Databaseよりは高価になります。
　なお、Managed Instanceでも標準のSQL Serverと100%の互換性があるわけでは
ありません。完全な互換性が必要な場合は、Azure仮想マシン上で標準のSQL
Serverを利用します。この場合はIaaSとなり、OSの管理は利用者の責任で行います。

【Azure SQL Databaseのバリエーション】

	仮想マシン上の SQL Server	Azure SQL Managed Instance	Azure SQL Database
価格	高価	高価	安価
SQL Serverとの互換性	◎	○	△
仮想マシン管理	必要	不要	不要

試験対策

Azure SQL Managed Instanceは、仮想マシンの管理をAzureに任せ、標準の
SQL Serverに対して最大限の互換性を持ちます。Azure SQL Databaseは安価で
すが互換性に制約があります。

●Azure Synapse Analytics（旧称Azure SQL Data Warehouse）

Azure Synapse Analyticsは、エンタープライズ向けのクラウドデータウェア
ハウスサービスを提供します。**データウェアハウス**とは、企業などの業務上発生
した取引記録などの大量のデータを、時系列に保管したデータベースです。大量
のデータから目的のデータをクエリにより抽出できます。Azure Synapse Analytics
では自動スケーリングによる高い弾力性が提供されます。詳細は「3-1　Azureソ
リューション」で説明します。

試験対策

Azure Database ServicesとAzure SQL Databaseは、頻繁にアクセスする構造化
データ用に最適です。頻繁にアクセスする半構造化データにはAzure Cosmos
DBが性能面で最適ですが、汎用ストレージアカウントのTableのほうが安価
です。

5 Azure Marketplace

Azure Marketplaceは、マイクロソフトやAzureでサービスやソリューションを提
供する独立系ソフトウェアベンダー（ISV）がエンドユーザーに提供するサービスを公
開するためのサービスです。Azure Marketplaceにより、Azureを利用するユーザーは、
マイクロソフトが認定したアプリケーションやサービスの検索、試行、購入、プロビジョ
ニングを行うことができます。Azure Marketplaceには、8,000以上のサービスやソリュー
ションが公開されています。

【Azure Marketplace】

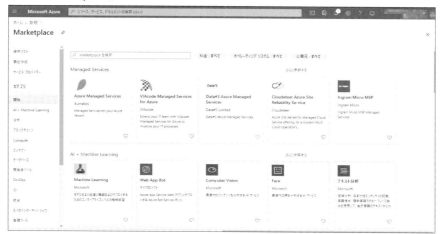

AZ-900の試験範囲は原則としてマイクロソフトが提供しているサービスに限定されます。マイクロソフトと特別な提携をしているサービスであっても、出題される可能性は非常に低いと予想されます。
ただし、試験範囲として明記してあるGitHubおよびGitHub Actionsは例外です。いずれも第3章で扱います。

現場では、サードパーティーが提供するサービスも利用します。一般にサードパーティー提供サービスのほうが、高価ですが高機能なことが多いようです。また、クラウドが提供するサービスの多くは、使用料にライセンス料を含むのが原則ですが、サードパーティー提供サービスではライセンスが別売りの場合があります。これを「BYOL（Bring Your Own License）」、つまり「（オンプレミスで取得した）ライセンスの持ち込み」と呼びます。

演習問題

1 Azureを使用するために最低限必要な作業は次のうちどれですか。適切なものを2つ選びなさい。

  A. サブスクリプションの登録
  B. Azureポータルの作成
  C. テナントの作成
  D. マイクロソフトアカウントの作成

2 テナントアカウントはどのような単位で作成するのが一般的ですか。適切なものを1つ選びなさい。

  A. ユーザー
  B. 会社・組織
  C. 契約
  D. リソース

3 日本に存在するリージョンを2つ選びなさい。

  A. 東日本
  B. 西日本
  C. 北日本
  D. 南日本

4 米国連邦政府やそのパートナー企業のみが利用できる特別なリージョンを1つ選びなさい。

  A. Azure Government
  B. Azure Germany
  C. Azure China
  D. すべてのリージョン

5 Azureインフラストラクチャで、低遅延ネットワークにより接続された複数のデータセンターで構成されているものは次のうちどれですか。正しいものを1つ選びなさい。

    A. 地理
    B. リージョン
    C. リージョンペア
    D. サブスクリプション

6 仮想マシンを複数の可用性ゾーンに展開しました。Azureでのどの障害から保護されますか。最も広範囲な障害を1つ選びなさい。

    A. 仮想マシン
    B. 物理サーバー
    C. データセンター
    D. リージョン

7 基幹業務アプリを実行する仮想マシンを展開する予定です。高可用性を実現するために、2台の仮想マシンが参加する可用性セットを構成しました。可用性セット構成により提供されるSLAは次のうちどれですか。正しいものを1つ選びなさい。

    A. 99.9%
    B. 99.95%
    C. 99.99%
    D. 99.999%

8 Azureに仮想ネットワークを作成し、仮想マシンを追加しました。オンプレミスのクライアントコンピューターからプライベートネットワーク経由でAzureの仮想マシンに接続できるようにするために、Azureには何を作成しますか。正しいものを2つ選びなさい。

    A. サブネット
    B. ゲートウェイサブネット
    C. ロードバランサー
    D. 仮想ネットワークゲートウェイ

9 データセンターの障害にも対応できるようにストレージアカウントを作成する必要があります。最もコストを抑えたレプリケーションオプションを1つ選びなさい。

    A.　ローカル冗長（LRS）
    B.　ゾーン冗長（ZRS）
    C.　地理冗長（GRS）
    D.　読み取りアクセス地理上用（RA-GRS）

10 アプリケーションで使用するデータを保存するためにAzureのデータベースサービスを展開する予定です。データベースは、複数の地域から同時にデータの追加ができ、JSONドキュメントが保存できる必要があります。使用するサービスを1つ選びなさい。

    A.　Azure SQL Database
    B.　Azure SQL Managed Instance
    C.　Azure Cosmos DB
    D.　Azure Synapse Analytics

解答

1 A、C

テナント作成とサブスクリプション登録が必須です(この2つは同時に行うこともできます)。最初のテナント登録はマイクロソフトアカウントを使って行うのが一般的ですが、必須ではありません。マイクロソフトアカウントではなくAzure ADに登録されたユーザーを使うこともできます。Azureポータルは、Azureサービスの管理用にマイクロソフトが提供するWebインターフェースであり、利用者が作成するものではありません。

2 B

一般的には、テナントは会社などの組織単位で作成します。1つの会社が複数のテナントを持つことはありますが、ユーザーや契約、リソース単位でテナントを作ることはありません。

3 A、B

日本には東日本と西日本の2つのリージョンがあります。

4 A

Azure Governmentは米国政府とその契約業者のみが使えるリージョンです。Azure Germanyはデータがドイツ国内に保存されることを保証します。Azure Chinaは21Vianet社によって運営される特別なリージョンです。

5 B

リージョン内には、低遅延ネットワークで接続された複数のデータセンターがあります。実際には1つのこともあるようですが、概念としては複数です。地理(ジオ)やリージョンペアは低遅延とはいえません。サブスクリプションはデータセンターの構成とは直接関係ありません。

6 C

可用性ゾーン間はある程度離れているため、複数の可用性ゾーンを使うことで、データセンター障害に対応します。

7 **B**

可用性セット内に複数の仮想マシンを構成することで、SLAは99.95%となります。

8 **B、D**

オンプレミスのネットワークとAzureの仮想ネットワークを接続するには仮想ネットワークゲートウェイを利用します。仮想ネットワークゲートウェイを構成するには、ゲートウェイサブネットと呼ばれる特別なサブネットが必要です。ロードバランサーは無関係です。

9 **B**

データセンター障害に耐えられるのはZRS、GRS、RA-GRSのいずれかですが、このうち最も安価なのはZRSです。

10 **C**

Azure Synapse Analyticsはデータウェアハウスであり、通常のデータベースとは異なります。Azure SQL DatabseとAzure SQL Managed Instanceは動作するリージョンを指定するため、1つのデータベースを複数の地域で同時に利用することはできません。これができるのはCosmos DBです。

第3章

コアとなるAzureソリューションと管理ツール

3-1 Azureソリューション

ここでは、Azureが提供するサービスから、最小限の手間で使える「ソリューション」について解説します。

1 ソリューション

第2章ではAzureが提供するコアサービスを紹介してきました。これらのサービスを組み合わせることで、ビジネスに貢献するさまざまなアプリケーションを構築できます。しかし、通常それを行うのは、開発者の仕事です。

開発者の手を借りないで、あるいは最小限の手間をかけるだけで、すぐに利用できるサービスはないのでしょうか。たとえば、クラウドのサービスモデルにおけるSaaSのように、契約をすればすぐに使えるサービスがあれば便利です。

マイクロソフトでは、「最小限の手間で、すぐ使えるサービス」を**ソリューション**と呼んでいます。Azureでは多くのソリューションが提供されており、適切なものを選んで組み合わせることで、簡単に利用できます。

ただし、Azure内部ではサービスとソリューションが区別されているわけではありません。これらは利用者にわかりやすいよう設けられた分類であり、管理ツールなどで両者の扱いが異なるわけではありません。

2 IoT（モノのインターネット）

現在、日常生活においてもインターネット上のさまざまな情報にアクセスするスタイルが一般的になってきています。スマートフォンやスマートウォッチだけでなく、スマート家電などのさまざまなデバイスをインターネットに接続し、対象の設定を変更したり情報を取得したりできるようになっています。

このように、さまざまなデバイスをインターネットに接続して対象を制御したり、情報を収集できるようにすることを、モノのインターネット（Internet of Things：IoT）といいます。また、IoTに対応したデバイスを「IoTデバイス」と呼び、IoTデバイスの管理や情報収集を行うアプリケーションを「IoTアプリケーション」と呼びます。

たとえば、自動販売機をIoTデバイスとして構成すると、品切れ情報をリアルタイムに収集できます。また、収集した情報をもとに「何時頃にどの商品が売れるのか」を分析

することで、補充間隔を調整し、品切れを防ぐことができます。

　Azureでは、IoTによって収集された情報の分析を目的とした複数のソリューションが用意されています。代表的なAzure IoTサービスとして、**IoT Central**と**Azure IoT Hub**があります。これらのサービスを使うことで容易にIoTアプリケーションを構築できます。

●IoT Central

　IoT Centralは、IoTアプリケーションを開発、管理、保守するためのSaaSを提供します。IoT Centralに登録したアプリケーションは、IoTデバイスからテレメトリー（計測データ）を受信し、IoTデバイスの管理を行うことができます。また、IoTデバイス側からアプリケーションに接続し、あらかじめ作成しておいたプログラムを実行することもできます。

【IoT Centralの構成画面】

【IoT Centralで作成したアプリケーション画面】

●Azure IoT Hub

Azure IoT Hubは、IoTアプリケーションと管理対象の数百万に及ぶIoTデバイ
ス間の双方向通信（クラウドからデバイスへ、デバイスからクラウドへの両方の
通信）のためのハブ（中心地）として機能します。PaaSに該当するサービスで、
デバイスからの情報を受信するEvent Grid、データの処理手順を自動化するLogic
Appsなどと連携するプログラムを容易に記述できます。

●Azure Sphere

Azure Sphereは、IoT機器のセキュリティ強化のためのソリューションで、制
御用ハードウェア、Linux OS、クラウドベースのセキュリティサービスで構成さ
れます。Azure Sphereを利用するためには、以下のハードウェアとソフトウェア
が必要です。

- ・Azure Sphere開発キット（ハードウェア）
- ・Windows 10 PCまたはLinux PC
- ・Visual StudioまたはVisual Studio Code

試験対策

AzureのIoTサポートで重要なサービスに、アプリケーション開発用SaaSの
「IoT Central」、IoTアプリケーション間通信をサポートするPaaSの「Azure IoT
Hub」、IoT機器のセキュリティ強化を目的として、ハードウェアを含むソ
リューションの「Azure Sphere」があります。

【Azure Sphere製品紹介サイト】

参考

マイクロソフトが提供する統合開発環境を「Visual Studio」と呼びます。マイクロソフトが提供する開発者向けツールの多くはVisual Studioと統合されており、アドオンとして機能します。たとえばAzure App Servicesで動作するアプリケーションは、通常はVisual Studioで構築し、Visual Studioからアップロードします。

マイクロソフトの創業事業に開発者向けの開発ツールであり、現在でも開発者向け製品は高く評価されています。以前は、WindowsしかサポートしないLinux向けのツールも多く登場しています。

3　ビッグデータと分析

　多くのIoTアプリケーションは大量のデータを収集します。収集したデータを単に表示するだけなら簡単ですが、多くのデータから意味のある情報を抽出し、分析するためには、複雑な解析を行う必要があります。

　気象システムや通信システムなどを含むIoTで生成された大量のデータを**ビッグデータ**と呼びます。従来のシステムでは、大量のデータをもとに分析し、意思決定を行うの

は容易ではありませんでした。Azureでは、ビッグデータ処理のためのソリューションとして、Azure Synapse Analytics、Azure HDInsight、Azure Databricksなどを提供しています。いずれも半構造化（厳密な構造を持たない）データを処理できます。

●Azure Synapse Analytics（旧称Azure SQL Data Warehouse）

Azure Synapse Analyticsは、ビッグデータを取り込み、超並列処理（Massively Parallel Processor：MPP）機能を使用して、高速な分析を実行するためのサービスです。ビッグデータの多くは、量は多いものの同時並列処理が可能なため、スケールアウトしたサーバーで処理できます。

Azure Synapse Analyticsが特に力を発揮するのは「データウェアハウス」の分析で、数PB（1PBは1,024TB）のデータに対する複雑なクエリも容易に実行できます。通常のデータベースがビジネスに必要な最新の状態を維持するのに対して、データウェアハウスには過去のデータも含めてすべて保存されます。また、多面的な分析ができるように、複数のデータベースのデータが統合されます。

Azure Synapse Analyticsは、従来のリレーショナルデータベース（Microsoft SQL Server）の拡張機能として提供されています。データ分析には、SQL Serverデータベースで利用されているTransact-SQL（T-SQL）言語を拡張したPolyBaseT-SQLを使い、従来のデータベースエンジニアにとって使いやすいシステムになっています。

●Azure HDInsight

Azure HDInsightは、オープンソースのビッグデータ分析システムApache Hadoopのマイクロソフトによる実装です。HDInsightもスケールアウト可能なデータ処理の特徴を活かして、大量のサーバーで一気に計算を行います。

【HDInsightの計算原理】
・データを分割して並列的に処理
・各々の処理結果を集計

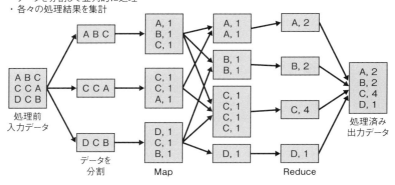

HDInsight上では一般的なオープンソースフレームワークを実行し、Hadoopと連携可能なさまざまなサービスと組み合わせてアプリケーションを構築できます。

●Azure Databricks

Azure Databricksは、オープンソースのビッグデータ分析システムApache Sparkのマイクロソフトによる実装です。HDInsight（Apache Hadoop）が保存データを一気に処理するバッチ処理であるのに対して、Databricks（Apache Spark）はメモリ上で操作することで高速なリアルタイム処理が可能です。

ただし、大規模データを処理する場合はHDInsightのほうが安価になることが多いほか、障害発生時の回復性もHDInsightのほうが有利とされています。

試験対策　ビッグデータを扱う重要なサービスとして、従来のリレーショナルデータベースの拡張であるAzure Synapse Analytics、Apache Hadoopのマイクロソフトによる実装でバッチ処理（一括処理）を行うAzure HDInsight、Apache Sparkのマイクロソフトによる実装でリアルタイム処理が可能なAzure Databricksがあります。

3

4　人工知能（AI）

人工知能（AI） は、人間の知的活動をコンピューターで実現するための研究です。AIにはさまざまな分野がありますが、近年ビジネスで広く使われ始めたのは**機械学習（Machine Learning）**を中心とする技術です。

IoTから入手した大量のデータは、IoT Centralなどを通じてデータレイクと呼ばれるストレージに保存されます。保存されたデータはHDInsightなどで解析し、現状の分析に利用されるのが一般的ですが、さらにAIサービスを利用すると、より高度な分析を行ったり、将来の予測を導き出すことが可能になります。

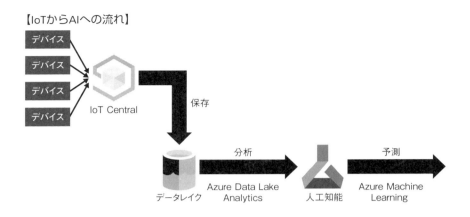

【IoTからAIへの流れ】

デバイス
デバイス
デバイス
デバイス

IoT Central

保存

データレイク
Azure Data Lake Analytics

分析

人工知能

予測

Azure Machine Learning

　Azureでは、多くの人工知能（AI）サービスが提供されており、それらを組み合わせて次世代アプリケーションを開発できます。Azureの人工知能サービスの中核となるのが機械学習です。機械学習とは、与えられたデータを自動的に分析し、将来の予測などを行わせるものです。Azureでは明示的にプログラムしなくても気軽に機械学習が利用できるサービスなど、複数の機械学習ソリューションが提供されています。Azureには**Azure Machine Learning service**と**Azure Machine Learningスタジオ**という機械学習のサービスがあります。

●Azure Machine Learning service

　Azure Machine Learning serviceは、機械学習モデルの開発、トレーニング、テスト、デプロイ、管理、追跡に使用できる機械学習アプリケーション開発環境です[1]。Azure Machine Learning serviceにより、機械学習モデルの生成とチューニングを自動的に行うことができます。

　Azure Machine Learningが提供するWebポータルサイトが**Azure Machine Learningスタジオ**です。このツールはWebサイトとして提供されており、データとプログラムを簡単なマウス操作で結び付けることで、簡単に機械学習アプリケーションを構成できます。

　機械学習アルゴリズムをより詳細に制御したい場合や、TensorFlowやscikit-learnなどのオープンソース機械学習ライブラリを使用する場合は、Machine Learning serviceをPythonまたはRから利用することもできます。

　これらの手順で作成したモデルは、ローカルで作成したものであっても、気軽にAzureにスケールアウトして、Dockerなどのコンテナーに展開できます。

※1　開発用プログラム言語として、人工知能アプリケーションに広く使われているPythonや、統計解析向けに設計されたRが利用できます。

●Cognitive Services

Cognitive Servicesは、AIやデータサイエンスの詳細な知識がなくても、容易にAIアプリケーションを構築するためのAPIを提供するサービス、つまりPaaSです。たとえば以下の機能を簡単に利用できます。

- ・**視覚**…画像認識
- ・**音声**…音声認識
- ・**言語**…自然言語処理や翻訳
- ・**検索**…画像や文字の検索
- ・**決定**…異常検出やアドバイス

これらの処理には、あらかじめ学習済みの機械学習データが使われます。

●Azure Bot Service

音声やテキストベースの対話プログラム（いわゆる「チャットボット」）を構築するためのPaaSです。典型的な使い方は、テキストや音声で入力された会話をCognitive Servicesで処理し、内容をMachine Learningによって自動学習させることです。

3

試験対策　Azureが提供する主なAI系サービスとして、機械学習アプリケーション開発環境のAzure Machine Learning service、構成済み機械学習データを提供するPaaSのCognitive Services、チャットボット作成PaaSのAzure Bot Serviceがあります。

5　サーバーレスコンピューティング

仮想マシンでは、初期設定は自動化されているものの、個別の設定は利用者の責任ですし、毎月のように更新プログラムを適用する必要もあります。コンテナーでは、コアとなるOSはAzureの管理下にありますが、ミドルウェアの更新は利用者の責任です。コンテナーイメージの更新作業を自動化することは可能ですが、まったく何もしなくてもよいというわけにはいきません。これはIaaSが持つ本質的な制約です。PaaSを利用すれば、こうした更新作業はすべてクラウドに任せることができます。

サーバーレスコンピューティングはPaaSの一種であり、OSやミドルウェアの存在を意識する必要はありません。「サーバーレス」といいますが、もちろん実際にサーバーが存在しないわけではありません。「サーバーの管理をする必要がない」という意味での「サーバーレス」と考えてください。

　　サーバーレスコンピューティングは、アプリケーションを実行できる環境を指します。
これにより、必要なときに、必要な実行環境が提供されるため、インフラストラクチャ
の構成や準備、保守を行う必要がなくなります。サーバーレスコンピューティング環境
では、定期的なタイマーやIoT Hubからの通知など、ほかのAzureサービスからのメッ
セージによるイベント応答型のアプリケーションを構成できます。

　　また、スケーリングやパフォーマンス調整は自動的に行うことができます（スケーラ
ビリティと弾力性に優れています）。リソースを予約する必要はありません。使用した
リソースに対してのみ課金が行われるため、コストも最適化できます。

　　Azureでは一般的なサーバーレスコンピューティングサービスとして、Azure App
Service、Azure Functions、Azure Logic Apps、Azure Event Gridなどが提供されてい
ます。

●Azure App Service

　　Azure VM（仮想マシン）では、OSの更新や設定は利用者の責任です。これに
対し**Azure App Service**はPaaSであり、OSやミドルウェアなどプラットフォー
ムの管理をAzureに任せることができます。ただし、直接ログオンしてOSを設定
することはできず、動かしたいプログラムをApp Serviceに送り込んで利用するこ
とになります。WindowsまたはLinuxのどちらの環境で実行するのかを作成時に指
定しますが、詳細なバージョンは指定できません。

　　App Serviceは、仮想マシンの保守を行う必要はないものの、仮想マシンのサイ
ズと稼働時間で課金されるため、一般的なIaaSに近いサービスです。そのため「サー
バーレスコンピューティング」に含めない場合もあります。

●Azure Functions（関数）

　　App Serviceはサービスを作成したら常時課金されるため、たまにしか動作させ
ないプログラムの場合はコスト面で不利になります。一方、**Azure Functions**で
は、プログラムが実際に動いた分だけを課金対象とすることができます。

　　Azure Functionsは「関数アプリ」とも呼ばれ、コードを使用して作成した関数
を実行できます。関数の実行環境は、消費量プラン（サーバーレス）か、App
Serviceプランを選択できます。消費量プランでは、登録した関数の純粋な実行時
間と回数で課金され、継続的な課金はありません。App Serviceプランを指定する
と内部でApp Serviceが利用され、稼働時間で課金されます。コスト的には不利で
すが、起動時間を大幅に短縮できます。ほぼ常時起動しているような場合や、起
動と停止を頻繁に繰り返す場合は、App Serviceのほうが有利なことがあります。

　　作成した関数アプリは、イベントやタイマーなどの設定により実行できます。
Azure Functionsでは、C#やJavaScript、Pythonなどさまざまな言語がサポートさ
れており、最適な言語を選択して開発が可能です。OSを意識しないため、プラッ
トフォームやインフラストラクチャ管理を必要としない場合に適しています。
REST要求やタイマー、ほかのAzureサービスからのメッセージによるイベントに
応答して起動し、通常は数秒程度で動作を開始します。

【Azure Functions】

関数アプリの新規作成画面

関数アプリの構成画面

Azure Functionsのプラットフォーム (OSやミドルウェア) は自動的に更新され、利用者が意識する必要はありません。

●Azure Logic Apps

複数のアプリケーションを連携したい場合、従来は連携のためのプログラムを作成し、どこかの仮想マシンで実行する必要がありました。しかし、仮想マシンは高価なサービスなので、全体のコストが大きく上昇してしまいます。しかも仮

145

想マシンの管理コストという問題もあります。

　　Azure Logic Appsは、さまざまなアプリケーションやサービスを統合し、タスクやワークフローを自動化できるサービスです。Logic Apps自身で何かを行うというより、アプリケーション間の接続サービスを提供します。そのため、クラウドやオンプレミスで実行されるアプリケーションやシステムを容易に統合できます。また、従量課金モデルでは実行時にのみ課金されるので、コストも最適化できます。

　　Logic AppsはWebベースのデザイナーを利用することで、コードの記述をしなくても、Azureサービスによってトリガーされるロジック（プログラムの動作）を実行できます。これにより、何らかのトリガーが発生した際に、Microsoft 365のサービスを使用してメールを送信するなどの、ワークフロー（処理の流れ）を構成できます。

【Azure Logic Apps】

試験対策　Azure FunctionsとAzure Logic Appsでは、サーバーレスコンピューティングの機能を利用できます。

●Azure Event Grid

IoTデバイスは、多くのデータを非同期に（定期的ではなく）生成します。ランダムに発生するデータを効率よく受信して処理するサービスが**Azure Event Grid**です。

Azure Event Gridは高度なイベントルーティングサービスで、イベントドリブン型のアプリケーションを構築する際に使用できます。たとえばEvent Gridは、BLOBストレージやリソースグループから提供されるイベントをサポートしています。そのため「BLOBストレージにデータが保存された」というイベントを受けて、他のサービスに通知することが可能です。これを利用すれば、IoTから入力されたデータがストレージに保存された瞬間にFunctionsを起動し、そこからLogic Appsを経由してワークフローを処理するようなアプリケーションを簡単に作成できます。

6 DevOps

3

仮想マシンを使うにしても、サーバーレスコンピューティングを利用するにしても、結局は開発者がプログラムを作成する必要があります。Azureには、開発者をサポートするサービスとして**DevOpsサービス**が用意されています。

DevOpsとは、ソフトウェアの開発担当と導入・運用担当が密接に協力する体制を構築し、ソフトウェアの配信から、継続的な更新を迅速に実現することを目的とした概念です。Azureでは、DevOpsサービスとして**Azure DevOps Services**と**Azure DevTest Labs**が利用できます。

●Azure DevOps Services

Azure DevOps Servicesはアプリケーション開発をサポートするツール群を提供する統合サービスで、以前はVisual Studio Team Services（VSTS）という名前で提供されていました。Azure DevOps Servicesを使用すると、アプリケーションの「継続的インテグレーション（CI）／継続的デリバリー（CD）」[2]を実現して、配信（アプリケーションの展開）やパイプライン（ソースコードから最終成果物に至るまでの一連の流れ）の作成、ビルド（構築）、リリース（提供）が行えます。Azure DevOps Servicesは、最新のアジャイル開発環境（継続的な更新を伴うアプリケーションを迅速に展開する仕組み）をサポートします。

---

[2] アプリケーション開発において、コードの変更を随時テストする仕組みを取り入れ、高い頻度で本番環境に展開していくことを目指した手法。

試験対策 Azure DevOps Servicesは、アプリケーション開発をサポートするツール群を提供します。

●Azure DevTest Labs

　迅速な開発ができるようになっても、テスト環境の構築に時間がかかっては困ります。複雑なテスト環境を迅速に間違いなく構成するサービスとして、**Azure DevTest Labs**が提供されています。Azure DevTest Labsは、開発者とテスト担当者が、Azure上にWindowsやLinux仮想マシン、およびPaaSサービスを組み合わせてソフトウェアの環境を作成する仕組みで、作成された環境は作成者自身で管理できます。

　DevTest Labsでは、事前に構成されたインフラストラクチャや、Azureの構成ファイル（ARMテンプレート）を使用することで、複数の仮想マシンから構成されたソフトウェアのための環境を簡単に作成できます。また、一括削除も容易に行えます。ARMテンプレートは再利用可能なので、テスト環境、デモ環境、トレーニング用などの環境を簡単に作成できます。ARMテンプレートについては第2章を参照してください。

【DevTest Labsの利用例】

試験対策 DevTest Labsを使用すると、WindowsやLinuxの開発とテストの環境を自動的に展開できます。

●GitHub

Gitはソフトウェア開発に必要なソースコードやドキュメント類のバージョン管理を行うためのオープンソースソフトウェアで、もともとはLinuxのソースコードを管理するために開発されました。**GitHub**は、Gitの機能をマネージドサービスとして提供しており、無料プランと有料プランがあります。

AzureはGitHubとの連係を強化しており、GitHubに格納されたコードを簡単に展開できます。また、AzureとGitHubのアカウントを共通化することも可能です。

●GitHub Actions

GitHubには、GitHubに保存されたプログラムを自動処理する仕組みである**GitHub Actions**が用意されています。AzureからGitHub Actionsを利用することで、アプリケーションの構築から展開までを自動化できます。GitHub Actions自体はAzureのサービスではありません。

Azureには多くの障害や災害対策機能が備わっていますが、想定外の事態が発生することもあります。アプリケーションのソースコードをGitHubに保存しておけば、簡単な操作で容易に再構築できます。

3

試験対策
GitHubは、ソースコードやドキュメント類のバージョン管理サービスです。GitHub Actionsは、GitHubに保存されたプログラムを自動処理する仕組みで、Azureから使えます。

コラム
GitHubはもともと独立企業でしたが、2018年にマイクロソフトに買収されました。ただし、買収後も独立企業としてサービスとブランドを提供しています。

3-2 Azureの管理機能

管理者はAzureにリソースやサービスを展開するなどの管理タスクを行うために、いくつかのツールを使用できます。

1 管理ツールの概要

Azureの代表的な管理ツールには以下のものがあります。

- **Azureポータル**…WebベースのGUIツール
- **Azure PowerShell**…コマンドラインツール
- **Azure CLI (コマンドラインインターフェース)** …コマンドラインツール
- **Azure Mobileアプリ**…iOSおよびAndroid用アプリ

Azureポータルから、後述するコマンドラインインターフェースAzure Cloud Shellを開始することもできます。Azure Cloud ShellではAzure PowerShellとAzure CLIの両方が使えます。

コマンドラインベースのツールでは、管理スクリプトを作成することで、管理タスクを自動化することもできます。

また、ソフトウェア開発キット (SDK)、Visual Studio、移行用ツールなどのツールも使用できます。「2-2 サブスクリプションとリソースの管理」で説明したとおり、これらのツールはすべてAzure Resource Managerの機能を呼び出します。

2 Azureポータル

Azureポータルは、WebベースのGUI管理ツールです。Webブラウザーから「https://portal.azure.com」にアクセスすると使用できます。

Azureポータルでは、新しくリソースを作成したり、既存のリソースの変更や削除といった管理操作を手動で行います。

【Azureポータル】

　Azureポータルにアクセスすると、最初にユーザー資格情報の入力が要求されます。Azureサブスクリプションに対する権限を持つユーザー名とパスワードを入力し、接続します。

【ユーザー資格情報の入力】

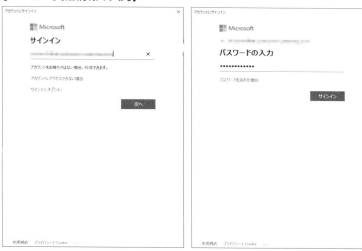

試験対策　AzureポータルにアクセスするためのURL「https://portal.azure.com」を覚えてください。

3 Azure PowerShell

　Windows PowerShellに**Azure PowerShell**モジュールを追加することで、PowerShellのコマンドレットやスクリプトを使用してAzureサブスクリプションの管理タスクを実行できます。また、LinuxやmacOS上で動作するPowerShell Coreを構成することにより、LinuxやmacOSでもAzure PowerShellを利用できます。

【Azure PowerShell】

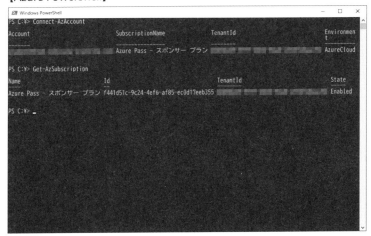

　Azure PowerShellのインストール方法についてはhttps://azure.microsoft.com/ja-jp/downloads/を参照してください。

4 Azure CLI

Azure CLIは、Azureリソースに対する管理コマンドを実行するWindows、Linux、macOS上で実行できるクロスプラットフォームコマンドライン管理ツールです。内部的にはPython言語を利用しています。Azure CLIは、どちらかというとLinuxユーザーに好まれるようですが、Windowsユーザーの利用も増えています。

【Azure CLI】

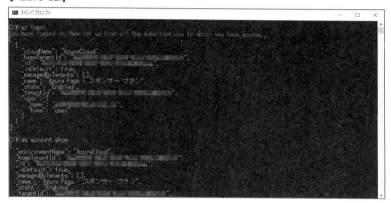

Azure CLIのインストール方法についてはhttps://docs.microsoft.com/ja-jp/cli/azure/install-azure-cliを参照してください。

5 Azure Cloud Shell（クラウドシェル）

Azure Cloud Shell（クラウドシェル）は、Azureポータルから開始できるWebブラウザーベースのコマンドラインインターフェースです。Azure Cloud Shellでは、PowerShellまたはBash環境を選択し、管理タスクを実行できます。Bashは、LinuxやUNIXで一般的なコマンド環境です。

Azure Cloud Shellを使用するには**ストレージアカウント**が必要なため、初めてAzure Cloud Shellを開始するときにストレージアカウントの作成が求められます。ストレージアカウントはAzureが提供するサービスの1つで、ファイルサーバーの機能を提供します。ストレージアカウントの詳細は第2章を参照してください。

【Azure Cloud Shell】

試験対策

Azure Cloud Shellは、Azureポータルの「Cloud Shell」アイコンをクリックして開始します。

試験対策

Azureの管理には、Webベースの「Azureポータル」と、コマンドベースの「Azure PowerShell」および「Azure CLI」があります。Azureポータル内から「Azure Cloud Shell」を起動して、Azure PowerShellとAzure CLIを利用することもできます。

参考

AZ-900で出題されることはないはずですが、上位資格（「AZ-104 Azure Administrators」など）では、Azure PowerShellとAzure CLIの両方のコマンドが出題されます。

6 Azure Mobileアプリ（Azure Mobile App）

　iOS（iPadおよびiPhone）およびAndroid用には、専用のモバイルアプリとして**Azure Mobileアプリ（Azure Mobile App）**が提供されます。GUIで提供される機能は基本的な操作に限られます。しかし、Cloud Shellが実行可能なので、原理的にはどのような作業でも行うことができます。

【Azure Mobile App（画面はiPad版）】

試験対策　iOSとAndroid用にAzure Mobileアプリが提供されており、Azure Cloud Shellも利用できます。

155

7　ARMテンプレートの利用

　第2章で説明したように、Azureのリソースは**Azure Resource Manager（ARM）**で管理されています。また、ARMに対する指示は**ARMテンプレート**と呼ばれる形式で行います。

　Azureポータル、Azure PowerShell、Azure CLIは、いずれもARMテンプレートを利用することで、複数の作業を一括して行えます。たとえば、複数の仮想マシンを一度に作成したり、仮想ネットワークと仮想マシンを同時に作成したりできます。

　また、ARMテンプレートを使用すると、複数のネットワークインターフェースカード（NIC）を持つ仮想マシンや、複数のデータディスクが接続された仮想マシンなど、通常の方法では指定できなかったり、面倒だったりする構成を簡単に指定できます。

3-3 監視とレポート

Azureには動作状況を監視し、トラブルが発生したら即座に報告する仕組みがあります。ここでは、Azureの監視とレポート機能について説明します。

1 監視ツールとレポートツール

　適切なガバナンスのもとでAzureを利用している場合でも、予期しない事象が発生し、思わぬトラブルが起きることがあります。トラブルを防いだり、トラブルが発生してもすぐに対応できるようにするため、Azureには以下のようなツールが提供されています。

- **Azure Service Health**…Azureそのものにトラブルが起きていないかを監視します。
- **Azure Advisor**…Azure上に展開したサービスを評価し、アドバイスを提供します。
- **Azure Monitor**…Azure上に展開したサービスの動作状態を監視します。
- **Azure Alert**…Azure上に展開したサービスが一定の条件を満たした場合、通知やプログラムの実行をします。
- **Azure Log Analytics**…Azure上に展開したサービスの動作を一定期間記録し、分析を行います。

　Azureを使う場合、定期的に実行したいのはAzure Advisorです。Azure Advisorは、簡単な操作で改善点を指摘してくれます。

　何かトラブルらしきものが発生したとき、最初に確認するのはAzureそのものが適切に動作しているかどうかです。これにはAzure Service Healthを利用します。

　Azureに問題がないとわかったら、今度はAzureに展開しているサービスを調査します。このときに役立つのがAzure Monitorです。Azure Monitorを使用すると、アプリケーションの実行状況などを即座に把握できます。

　問題が起きそうなことが事前に予測できている場合は、Azure Alertを設定します。Azure Alertはシステム管理者に通知をするほか、決められたプログラムを実行することもできるので、サービスの再起動などを行って一時的な回避策を実施できます。

　長期間にわたる調査をしたい場合や、原因の根本究明をしたい場合は、長期間にわたって詳細な記録を行うAzure Log Analyticsを使います。必要であれば、Log Analyticsで得られた結果をほかのツールで詳細に分析することもできます。

3

2 Azure Service Health

Azureのインフラは十分堅牢に作られていますが、軽微な障害はときどき発生します。そのため、Azure自体が正しく動作しているかどうかを監視するツールが提供されています。これが**Azure Service Health**（サービス正常性）です。

Azure Service Healthを使用すると、Azure上のサービスの正常性を追跡し、ダッシュボードでサービスの状態を確認できます。

Azure Service Healthでは、以下の4つのカテゴリでサービス状態を追跡できます。

- **サービスに関する問題**…Azureサービスに影響のある問題が表示されます。
- **計画メンテナンス**…Azureサービスの可用性に影響のある今後のメンテナンス情報が表示されます。
- **正常性の勧告**…Azureの機能の変更点（アップグレードや機能が非推奨となるなど）が表示されます。
- **セキュリティアドバイザリ**…Azureサービスのセキュリティ関連の通知や違反に関する情報が表示されます。

【Service Health】

試験対策　Service Healthを使用すると、使用中のサービスやリソースの正常性状態を簡単に確認できます。「Service Health」は「サービス正常性」と翻訳されています。

Azureポータルにサインインできない場合はhttps://status.azure.com/にアクセスしてください。Service Healthの簡易版を利用できます。

3 Azure Advisor

　ここまでは、主にAzure上で動作するサービスの作成や削除に使う機能を紹介しました。これらのツールを使えば、Azureを使ってアプリケーションを構築できます。しかし、アプリケーションは構築したら終わりではありません。そのサービスは、停止せず、安全に、適切な速度で動いているでしょうか。また、想定していたコストを上回っていないでしょうか。Azureには、こうした運用環境を監視する機能も備わっています。中でも手軽に使えるのが**Azure Advisor**です。

　Azure Advisorは、以下の5つのカテゴリに関する推奨事項を提供するサービスです。

- **コスト**…無駄なリソースがあるかどうかを確認し、あれば削除を提案します。
- **セキュリティ**…適切なセキュリティ設定が行われているかを確認します。
- **信頼性（可用性）**…適切な可用性が確保されているかを確認します。
- **オペレーショナルエクセレンス**…操作性の改善が必要かどうかを確認します。
- **パフォーマンス**…性能上の問題がないかどうかを確認します。

　Azure Advisorは、単に画面を表示するだけで、展開済みのサービスを自動的に分析し、これらの5つの領域にわたって環境を改善するためのアドバイスを提供してくれます。また、Azure Advisorからの推奨事項はPDFやCSV形式のファイルとしてダウンロードできます。

　実際に表示してみると、必要なセキュリティ設定の抜けや、不要な（おそらくは削除し忘れた）サービスを指摘してくれることがわかります。ただし、アドバイスの中には有償サービスの契約が必要なものも含まれます。また、特別なシステム要件を満たすためのものや、セキュリティテストなどで意図的にセキュリティレベルを落としている場合であっても、そこは考慮せずに指摘されます。Azure Advisorで提供される推奨事項はあくまでも「一般的な推奨」であるため、実際の構成変更は本当に必要な場合にのみ実施してください。たとえば、今は使っていないけれども、将来のためにわざと残しているリソースについてもAzure Advisorは指摘してきます。このような場合は単に無視して構いません。

【Azure Advisor】

試験対策　Azure Advisorで提供される内容はあくまでも推奨事項なので、構成変更などは必要な場合にのみ実施します。

4　Azure Monitor

　Azure Monitorは、Azure環境で利用中のサービスやリソースに加え、オンプレミスやほかのクラウド上のリソースを監視する機能を提供します。Azure Monitorでは、Azureのサービスやリソースから次のようなさまざまなデータを収集できます。

- ・アプリケーション監視データ
- ・ゲストOS監視データ
- ・Azureリソース監視データ
- ・Azureサブスクリプション監視データ
- ・Azureテナント監視データ

　Azure環境に仮想マシンやWebアプリなどのリソースを展開すると、Azure Monitorにより、これ以降で説明するさまざまなデータの収集が開始されます。

●アクティビティログ

アクティビティログは、管理者によるAzureのリソースの作成や変更に関する処理が記録されます。監視したいサービスがあらかじめわかっている場合は、そのサービスの管理画面から表示することもできます。

アクティビティログの保存期間は90日です。それ以上保存したい場合はLog Analyticsへの自動送信を構成できます。

【アクティビティログ】

●メトリック

メトリックでは、リソースのパフォーマンスデータを収集しグラフで表示できます。ただし、既定の設定ではあまり多くの情報は表示できません。データの収集先でエージェント（監視機能）をインストールすることで、さまざまな種類のデータを収集できます。

また、仮想マシンや、仮想マシンスケールセットなどのコンピューティングリソースの診断を有効にすることでエージェント（監視機能）が追加され、コンピューティングリソースから以下のデータを収集できます。

- **パフォーマンスカウンター**…CPU利用率など、監視したいパフォーマンス情報を指定します。
- **イベントログ**…システムログやセキュリティログなど、監視したいログ情報を指定します。
- **クラッシュダンプ**…特定のプロセス（プログラム）が異常終了した場合のメモリ情報を、指定したストレージアカウントに保存します。
- **シンク**…さらに詳細な診断情報を送信します。
- **エージェント**…診断情報を送信しているエージェントの動作を変更します。

【メトリック：エージェントのインストール】

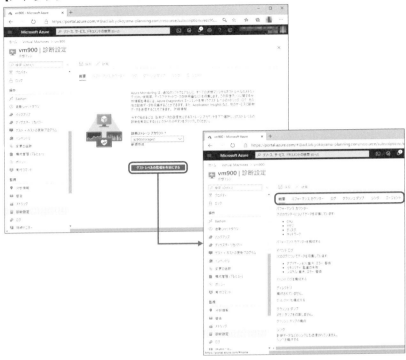

【メトリック：CPU利用率の監視例】

Azure Monitorの主な目的はリアルタイム監視です。また、ログ分析機能も備えています。

試験対策

5　Azure Alert

　Azure Monitorは手軽に利用できますが、現実の問題として、障害が発生するかどうかを管理者が常に見張っているわけにはいきません。いつ起きるかわからない障害に備え、発生時にすぐさま把握できるように対策するには**Azure Alert**を用います。Azure Alertは監視対象のサービスやリソースがあらかじめ設定したしきい値を超えた場合に、指定したアクションを実行する機能を提供します。これにより、運用作業の一部を自動化できます。

【Azure Alertルールの作成】

　Azure Alertでは以下の4つの内容を指定して警告を発生させるルールを作成します。

- **スコープ**…監視対象（仮想マシンなど）
- **条件**…監視条件（メトリックまたはアクティビティログとその値）
- **アクショングループ**…条件を満たしたときの通知と動作（メール通知やプログラムの起動など）
- **詳細**…ルール名や保存先のリソースグループなど

アクショングループには、通知機能として電子メール、SMS（携帯電話のショートメッセージ）、音声通話（米国のみ）を指定できるほか、以下のアクションを同時に複数登録できます。

- **Azure Functions**…Azureの「関数アプリ」として登録済みのプログラムを起動します。
- **ロジックアプリ**…さまざまなアプリケーションと連携する機能（Azure Logic Apps）を起動します。
- **Webhook**…あらかじめ指定したURLにHTTPリクエストを送り、外部のWebアプリを起動します。
- **IT Service Manager**…Microsoft System Center Service Managerなどのシステム管理ツールと連携します。ITSMコネクターを事前に構成しておく必要があります。
- **Automation Runbook**…Azureのシステム管理スクリプト実行機能「Automation」を起動します。Azure Functionsと似ていますが、仮想マシンの起動や停止などのシステム管理作業を容易に構成できます。

試験対策　Azure Alertは、条件を満たしたらアクションを起こすことで、監視と運用の自動化を助けます。

試験対策　「Automation」は、Azureのシステム管理スクリプト実行機能で、主にシステム管理作業の自動化に利用します。

6　Azure Log Analytics

Azure Log Analyticsは、サービスやリソースのログを収集し、分析するためのサービスです。運用状態の長期的な記録を行うことで、システムの稼働状態を詳細に分析できます。Log Analyticsを使用すると、Azure上のリソースだけでなく、オンプレミスやほかのパブリッククラウド（たとえばAWS）上の仮想マシンのログも収集できます。オンプレミスのITサービス総合監視ソリューション「Microsoft System Center Operations Manager（SCOM）」と統合することも可能です。

試験対策 Azure Log Analyticsは、Azure上のリソースだけでなく、オンプレミスやAWS などほかのパブリッククラウドの情報も収集できます。また、オンプレミス のMicrosoft System Center Operations Manager（SCOM）と統合することも可 能です。

【Azure Log Analytics】

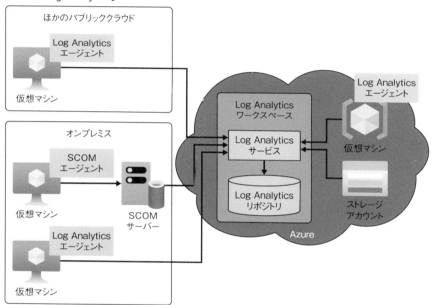

3

　Log Analyticsで監視する場合は、監視対象のサーバーにLog Analyticsエージェント をインストールし、データを収集する必要があります。Azure上のリソースは簡単な作 業でエージェントを構成できますが、外部サーバーにはエージェントを個別にインス トールする必要があります。

【Log Analyticsエージェントのダウンロード】

収集したデータはAzureポータルのLog Analyticsで表示できるほか、外部のツールを使って分析することも可能です。

試験対策

Azure Log Analyticsは、運用状態の長期的な記録を行います。

演習問題

1 Azureに予測分析を行うAIアプリケーションを展開する予定です。どのサービスを使用しますか。適切なものを1つ選びなさい。

  A. Azure DevOps Service
  B. Azure IoT Central
  C. Azure Machine Learningスタジオ
  D. Azure Functions

2 大量の半構造化データをリアルタイムで分析しようとしています。最適と思われるツールを1つ選びなさい。

  A. Azure Cosmos DB
  B. Azure Databricks
  C. Azure HDInsight
  D. Azure Synapse Analytics

3

3 サーバーレスコンピューティングを実現するAzureのサービスはどれですか。正しいものを1つ選びなさい。

  A. Functions
  B. GitHub Actions
  C. Virtual Machine
  D. Virtual Machine Scale Set

4 開発者自身が、Azureに、あるWebアプリケーションのテスト環境を作成する予定です。テスト環境には、2台のWindows Serverと3台のLinuxを展開する必要があります。できるだけ運用管理コストを抑えてテスト環境を作成するにはどのAzureサービスを使用しますか。適切なものを1つ選びなさい。

  A. ARMテンプレート
  B. Azure DevOps Service
  C. Azure DevTest Labs
  D. Azure CLI

5 Azureを管理するためにAzureポータルを使用するには、次のうちどのURL
を使用しますか。正しいものを1つ選びなさい。

    A.   https://admin.azure.com

    B.   https://www.azure.com

    C.   https://portal.azure.com

    D.   https://manage.windowsazure.com

6 Azureに新しく仮想マシンを展開するために、PowerShellスクリプトを作成
しました。作成したスクリプトを実行できるのは、次のうちどの環境です
か。正しいものをすべて選びなさい。

    A.   Azure PowerShell ModuleをインストールしたWindowsマシン

    B.   Azure CLIをインストールしたLinux

    C.   PowerShell CoreをインストールしたmacOS

    D.   Microsoft Edgeで開いたAzureクラウドシェル

7 複数のNICと複数のデータディスクが接続された仮想マシンを作成しようと
しています。同じ構成の仮想マシンを何度か作成する場合、どのツールを使
えばよいですか。最も適切なものを選びなさい。

    A.   Azure CLIにパラメーターを指定したシェルスクリプトを作成する

    B.   Azure CLIまたはAzure PowerShellにパラメーターを指定したシェル
スクリプトを作成する

    C.   Azure PowerShellにARMテンプレートを指定する

    D.   Azure Advisor機能を利用して、自動構成スクリプトを作成する

8 複数のAzure仮想マシンを運用していますが、予想以上にコストがかさんで
います。コスト削減のための改善点を探すのに、最も手軽なツールを1つ選
びなさい。

    A.   Azure Advisor

    B.   Azure Functions

    C.   Azure Monitor

    D.   Azure Resource Manager

9 Azure仮想マシンの動作状況を、リアルタイムで監視するのに適した管理ツールはどれですか。適切なものを1つ選びなさい。

   A.　アクティビティログ
   B.　Azure Advisor
   C.　Azure Monitor
   D.　Azure Service Health

10 Azureの一部リージョンのインフラストラクチャで障害が発生しているように思えます。調査のために使用するツールとして適切なものを1つ選びなさい。

   A.　アクティビティログ
   B.　Azure Advisor
   C.　Azure Monitor
   D.　Azure Service Health

3

解答

1 C

AIアプリケーションの展開はMachine Learningスタジオを使います。DevOps
は開発全般をサポートします。IoT CentralはIoTアプリケーションを展開し
ます。Functionsはサーバーレスコンピューティングをサポートします。

2 B

大量の半構造化データをリアルタイムで分析するにはDatabricksが適切で
す。HDInsightはバッチ処理であり、リアルタイム分析には向きません。
Synapse Analyticsは構造化データを扱います。Cosmos DBは半構造化データ
を扱うことが可能ですが、大量データの分析はDatabricksほど高速ではあり
ません。

3 A

Functionsは、仮想マシンの存在を意識せず、使った分だけ支払うサーバー
レスコンピューティング機能です。Virtual MachineやVirtual Machine Scale
Setは仮想マシンの存在を意識する必要があります。GitHub ActionsはAzure
のサービスではありません。

4 C

テスト環境を簡単に構築するためのサービスがAzure DevTest Labsです。
DevTest Labsは内部でARMテンプレートを使いますが、DevTest Labsのほう
が簡単に利用できます。また、ARMテンプレートとAzure CLIでテスト環境
を作成することは可能ですが、DevTest Labsのほうがずっと簡単です。
DevOps Serviceは開発ツールですが、テスト環境そのものは提供しません。

5 C

http://portal.azure.comが正解です。https://manage.windowsazure.comは「ク
ラシックポータル」と呼ばれ、2018年で廃止されています。https://www.
azure.comは、Azureの製品サイトへリダイレクトされます。https://admin.
azure.comは使用されていません。

6　A、C、D

Azure PowerShellはWindows標準のPowerShellにインストールできるほか、PowerShell CoreをインストールしたLinuxとmacOSで利用できます。また、Azureポータル内のクラウドシェルからも利用できます。

7　C

ARMテンプレートを使うことで、複数のリソースを一括作成したり、通常の管理ツールでは指定できない構成の仮想マシンを作成したりできます。ARMテンプレートは、Azureポータル、Azure PowerShell、Azure CLIから使用できます。Azure PowerShellやAzure CLIのパラメーター指定では、複数のコマンドを実行する必要があり、実行手順がARMテンプレートよりも複雑になりがちです。仮想マシンの自動構成スクリプトを作成する機能はAzure Advisorにありません。

8　A

Azure Advisorは、コストのほか、セキュリティ、可用性、オペレーショナルエクセレンス、パフォーマンスについての改善案を提示してくれます。Azure Monitorは動作の監視をする機能、Azure Resource Managerは管理機能で、いずれも直接的にコスト分析情報を提供するわけではありません。また、Azure Functionsはサーバーレスコンピューティングを提供するサービスで、アドバイザー機能はありません。

9　C

Azure Monitorは主に利用者が作成したアプリケーションや仮想マシンのリアルタイム監視とログ分析に使います。Azure Advisorは利用者が構成したサービスの改善点を指摘するサービス、アクティビティログは利用者の操作記録、Azure Service HealthはAzureの動作状況を表示します。いずれも仮想マシンの動作状況をリアルタイムに監視する機能はありません。

10　D

Azureのインフラストラクチャで障害が発生しているかどうかを監視するには、Azure Service Health（サービス正常性）を使います。Azure MonitorやAzure AdvisorはAzureのインフラストラクチャを監視する機能はありません。問題9の解説も参考にしてください。

第4章

ネットワークセキュリティ機能と
セキュリティツール

4-1 安全なネットワーク接続

安全なネットワーク接続を行うには、正当な通信のみを許可し、不正な通信を禁止する必要があります。Azureのネットワークインフラストラクチャ（ネットワーク基盤）には、安全にネットワークを利用するための機能が数多く備わっています。

1 TCP/IPとポート番号

インターネットで使われている通信規約「TCP/IP」では、IPアドレスで通信相手を特定します。

しかし、1台のコンピューターで複数のアプリケーションが動作していることはよくあります。IPアドレスだけでは、データを届けるアプリケーションまで区別することはできません。

そこで、1台のコンピューターで動作する複数のアプリケーションを区別するために利用されるのが「ポート番号」です。同じ宛先の1台のコンピューターであっても、SSHアプリケーション（管理のためのリモート接続手段）の提供であればポート番号22番、Webアプリケーションの提供であればポート番号80番（HTTP）あるいは443番（HTTPS。暗号化された接続）といったように、ポート番号を使い分けます。

参考

TCP/IPネットワークを使うすべてのコンピューター（正確にはすべてのネットワークインターフェース）は必ずIPアドレスを持ちます。Azureでは、現在最も一般的な「IPv4」と、新しい規格の「IPv6」が使えます。

IPv4のIPアドレスは32ビット（2進数32桁）で構成され、8ビット単位で10進数に変換した値をピリオドで区切って表記します。たとえば、「10.20.1.100」はIPv4アドレスの例です。一方、IPv6ではIPアドレスが128ビットに拡張され、16ビット単位で16進数に変換した値をコロン（:）で区切って表記します。たとえば、「2001:0:2851:b9f0:30f2:26f2:2a80:9340」はIPv6アドレスの例です。

IPv4アドレスは、先頭部をネットワーク番号として、残りをコンピューター番号（ホスト番号）として利用します。このとき、先頭から何ビットがネットワーク部分であるかがわかるよう、IPアドレスの最後に「/（ネットワーク部分のビット数）」を付けます。たとえば「10.20.1.100/24」は、先頭24ビット（10.20.1まで）がネットワーク部分で、残り8ビット（100の部分）がコンピューター部分を表します。ネットワーク番号だけを指す場合は、ホスト番号をゼロにして「10.20.1.0/24」のように表記します。

さらに、TCP/IPでは「トランスポートプロトコル」としてTCPまたはUDPを指定します。TCPはデータの取りこぼしのない確実な通信が可能ですが、応答確認を行うため、通信効率は若干落ちます。Webやメールなど、ほとんどのアプリケーションはTCPを使います。UDPは応答確認を省略するため、効率のよい通信が可能ですが、確実な通信は保証されません。UDPは動画配信などによく使われます。少々データを取りこぼしても、人間の目にはよくわからないからです。

なお、TCPとUDPのほかにICMPというプロトコルもあります。これは到着確認や速度制御などの特殊な目的に使われるプロトコルで、ネットワーク管理者がトラブルシューティングなどに使ったり、TCP/IP内部で通信エラーの通知に使ったりします。一般のアプリケーションが直接使うものではありません。

2 インターネットとTCP/IPセキュリティ

パブリッククラウドのほとんどはインターネットの使用を前提としています。もちろんAzureもインターネットを介して利用するのが基本です。インターネットは誰でも利用できる公開ネットワークなので、不正アクセスの被害にあう可能性があります。そこで、Azureではネットワーク利用を制限するための多くの機能を提供しています。ネットワーク接続の管理は、パブリッククラウドを使うための最も基本的かつ、最も重要な機能です。Azureのリソースを未承認のアクセスや攻撃から保護するための最初のステップなので、しっかり理解してください。

ネットワーク接続はAzure内のリソース間、オンプレミスのリソースとAzure内のリソース間、インターネットとAzure間で必要になります。ここからはAzureが提供している、いくつかのネットワークセキュリティのオプションについて説明します。

【Azureのネットワークセキュリティ】

なお、Azureでは仮想ネットワーク上のデータが自動的に暗号化されることはありません。ネットワークデータの暗号化は、仮想マシンのOSやアプリケーションの機能を利用します。たとえば、WindowsやLinuxはTCP/IPの標準暗号化機能であるIPsec（IP Security）を利用できます。また、WebサーバーはHTTPSによる暗号化機能を備えています。

試験対策　Azureのネットワークは暗号化機能を持ちません。ネットワークの暗号化は、OSやアプリケーションの機能を使います。

3 ネットワークセキュリティグループ（NSG）

ネットワーク接続のセキュリティはパブリッククラウドセキュリティの基本ですが、その中でも最も基本的な機能として位置付けられているのが、**ネットワークセキュリティグループ（NSG）**です。

NSGは、仮想ネットワーク上のAzureリソース（仮想マシンなど）が送受信するネットワークデータを選別するためのフィルター機能です。通常、1つのNSGには複数のセキュリティ規則を含めます。各規則には、送信元と宛先のIPアドレス、プロトコル（TCPやUDPなど）、送信元と宛先のポート番号を指定できます。

NSG内のセキュリティ規則が多いとわかりにくくなります。規則の数を減らすには、IPアドレス範囲の指定や、アプリケーションセキュリティグループの利用が効果的です（詳しくは、後述します）。

 NSGのフィルター機能は、上記の5つの要素を含むため「5タプル（5-tuple）」と呼びます。「タプル」は「複数の要素で構成された情報セット」という意味です。

ネットワークセキュリティグループ（NSG）に設定する規則は、以下の表に示す情報で構成されます。

【ネットワークセキュリティグループ（NSG）内の規則】

プロパティ	説明
規則の名前	ネットワークセキュリティグループ内で一意の名前
優先度	100〜4096の順位を表す数値。数値が小さいほど優先順位が高いため、小さい数値のものから順に処理される
送信元／宛先	IPアドレス、IPアドレス範囲（例：10.0.0.0/24）、サービスタグ（後述）、アプリケーションセキュリティグループ（後述）を指定する。IPアドレス範囲、アプリケーションセキュリティグループを指定すると、複数のリソースを一括で指定できる
プロトコル	TCP、UDP、ICMP、またはAny（任意）
方向	受信トラフィックまたは送信トラフィックのどちらに適用するかを指定する
ポート範囲	個別のポートまたはポートの範囲を指定する。たとえば「80」や「10000-10005」などのように指定する。範囲を指定すると、複数のポート番号を一括で指定できる
アクション	許可または拒否を指定する

 ネットワークセキュリティグループ（NSG）は、TCP/IPの情報のうち、IPアドレス、プロトコル、ポート番号を使って接続を制御します。

1つの仮想マシンには通常1つのネットワークインターフェースが割り当てられ、データ通信を行います。PCをネットワーク上で利用する場合、有線の場合はこのネットワークインターフェースをハブに接続し、無線の場合はアクセスポイントに接続します。同様に、仮想マシンのネットワークインターフェースも仮想的なハブに接続する必要があ

ります。この仮想ハブによって接続された範囲を**仮想ネットワーク**と呼びます。Azure
の仮想ネットワークは、1つ以上の**サブネット**に分割して使用します。サブネットはネッ
トワークの範囲を区切ったものです。特別な設定をしない限り、仮想ネットワーク内の
サブネット間は自由に通信できますが、セキュリティを強化するなどの目的で、サブネッ
ト間の通信を制限することもできます。

家庭用のハブは「L2スイッチ」と呼ばれ、サブネットに分割する機能はあり
ません。Azureの仮想ネットワーク機能は「L3スイッチ」と呼ばれ、サブネッ
トに分割することができます。企業向けのハブにはL3スイッチも広く使われ
ています。

　仮想マシンに接続されたネットワークインターフェースの接続先には、仮想ネット
ワークのサブネットを指定します。つまり、仮想ネットワークは、仮想マシン→ネット
ワークインターフェース→サブネット→仮想ネットワークの対応によって構成されてい
ます。

　ネットワークセキュリティグループ（NSG）は、仮想マシンのネットワークインター
フェースまたは仮想ネットワークのサブネットに関連付けることができます。

【ネットワークセキュリティグループ（NSG）の関連付け】

仮想ネットワーク

NSG

ネットワーク
セキュリティ
グループ

サブネット

ネットワーク
インターフェース

仮想マシン

サブネット

ネットワーク
インターフェース

仮想マシン

ネットワーク
セキュリティ
グループ

NSG

　サブネットに関連付けられているNSGは、そのサブネットに配置されたすべての仮想
マシンの通信を制御します。たとえばすべての送受信を拒否するNSGを作成しサブネッ

トに追加した場合、そのサブネットに接続している仮想マシンはほかのマシンとまったく通信ができなくなります。

　一般に、同じサブネットには同じ性質を持つサーバーを配置します。たとえば、最も一般的なのは「Webサーバーだけを配置するサブネット」などの使い方です。

　NSGはネットワークインターフェースに対して割り当てることも可能ですが、ネットワークインターフェースは仮想マシンごとに存在するため、ネットワークインターフェース単位で割り当てた場合は、仮想マシンごとにNSGを設定することになってしまいます。これでは仮想マシンを作成するときに「どのサブネットに配置するのか」とともに「どのNSGを選択するのか」を選ぶ必要があり、ミスも起きやすくなります。NSGをサブネット単位で割り当てることで、仮想マシン作成時には配置先のサブネットを指定するだけで確実にNSGが設定されます。また、同じサブネットの仮想マシンはすべて同じNSGが適用されることが保証されるため、わかりやすくなります。

　なお、ネットワークインターフェースとサブネットの両方にNSGを割り当てることも可能です。この場合、まずサブネットのNSGでフィルターされ、次にネットワークインターフェースのNSGでフィルターされます。結果として、両方で許可された通信のみが可能になります。しかし、どの通信が許可・禁止されているのかが直感的にわかりにくくなるため、両方にNSGを関連付けることはどうしても必要な場合に限り使用してください。

試験対策　ネットワークセキュリティグループ（NSG）は、ホスト（仮想マシン）のネットワークインターフェースまたはサブネットに設定することで、仮想マシン間やサブネット間の通信を制限します。1つのNSGを複数のネットワークインターフェースやサブネットに設定することも可能です。

4　アプリケーションセキュリティグループ（ASG）

　NSGの送信元または宛先として、Azure内の複数の仮想マシンを指定したい場合があります。このような場合に便利なのが**アプリケーションセキュリティグループ（ASG）**です（次図【アプリケーションセキュリティグループ（ASG）の設定】）。

　ASGは、複数の仮想マシンを1つのグループにまとめてNSGの送信元または宛先として指定できます。ASGの名前で指定できるため、仮想マシンのIPアドレスを入力する必要もありません（次図【アプリケーションセキュリティグループ（ASG）の利用】）。

　次の例について考えてください。

【アプリケーションセキュリティグループ（ASG）の設定】

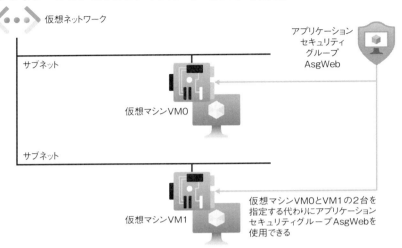

【アプリケーションセキュリティグループ（ASG）の利用】

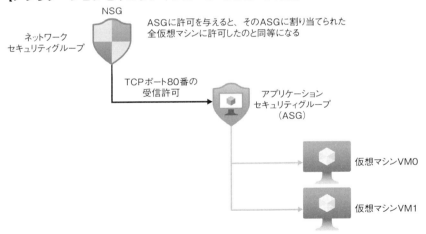

　この例の仮想マシンVM0とVM1はWebサーバーであり、TCPプロトコル80番ポート
の受信を許可する必要があるものとします。この場合、それぞれのマシンで個別に受信
ポートを設定することも可能ですが、ASGを使えばより簡単に設定できます。

① ASGとしてAsgWebを作成します。
② 仮想マシンVM0およびVM1をAsgWebに割り当てます（次図【仮想マシンをASG
　に割り当てる】）。

③NSGの規則でAsgWebに対してTCPポート80番の受信を許可します（下図【NSGの設定】）。

【仮想マシンをASGに割り当てる】

【NSGの設定】

　このようにASGを使用することで、複数の仮想マシンに対して、より簡単に管理できる方法で仮想ネットワークの保護を追加できます。

試験対策

アプリケーションセキュリティグループ（ASG）は、複数の仮想マシンをグループ化したもので、NSGの宛先または送信元として指定できます。ASGはAZ-900試験範囲に明示的には含まれませんが、NSGを構成するための重要な機能ですので、出題される可能性があります。

5　ユーザー定義ルート（UDR）

NSGを使うことで、通信の許可や拒否を設定できます。また、ASGを併用することで複数の仮想マシンをまとめて扱えます。しかし、宛先や送信元ではなく、中継の経路を制御したい場合はNSGを使うことはできません。

Azureでは、仮想ネットワークに作成したサブネット間、および仮想ネットワークゲートウェイやExpressRouteで接続したオンプレミスのネットワーク間のトラフィックが自動的にルーティング（中継）されます。また仮想マシンからインターネットへの通信も可能です。そのため、中継経路に関して通常は意識する必要はありません。

こうした動作は非常に便利ですが、場合によっては困ることもあります。たとえば、詳細なセキュリティ検査をするため、データベースサーバーとの通信はセキュリティ管理サーバーを必ず経由させたいといったケースがあります。

【セキュリティチェックのための中継サーバー】

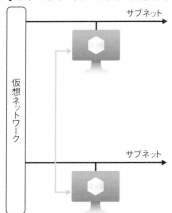

Azure標準設定システムルートを利用して
自由に通信可能

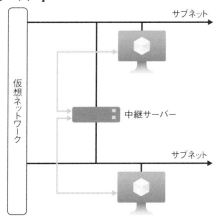

ユーザー定義ルートでシステムルートを上書きして
通信経路を変更

　セキュリティ管理サーバーを経由することで、「正当なアクセスと見せかけた攻撃」を防ぐことが可能になります。NSGのセキュリティ規則では「IPアドレス、ポート番号、TCP／UDP、送受信の方向」の組み合わせによって通信を制御しますが、これらが一致したとしても正当なアクセスであるとは限りません。本当に安全なアクセスかどうかは、データの中身の検査を行う必要があります。

　Azureでは、セキュリティ管理用のサーバーを**仮想アプライアンス**として構成できます。仮想アプライアンスは、一般にファイアウォールなどのネットワークサービスが実行されている仮想マシンです。
　しかし、このような仮想アプライアンスは、構成しただけでは意味がありません。Azureの仮想ネットワークでは、システムルート（システム定義の中継経路）が自動的に生成され、各サブネットに自動的に割り当てられます。これによってサブネット間の通信が確立されるので、仮想アプライアンスが存在していても、そのままではこれを無視して仮想マシン同士が直接通信をしてしまいます。

　そこで利用するのが**ユーザー定義ルート（UDR）**です。システムルートは新たに作成することも削除・変更することもできませんが、ユーザー定義ルートを作成し、システムルートの動作を上書き（オーバーライド）することは可能です。
　たとえば、下図にあるサブネットVNet1からサブネットVNet2に接続するとき、必ず仮想アプライアンスを経由するようにするには、「サブネットVNet2に向かうデータは仮想アプライアンスに送信する」というユーザー定義ルートを作成し、サブネットVNet1に関連付けます。サブネットVNet2からVNet1への接続も制限するときは、サブネットVNet2に逆方向のルールを関連付けます。
　なお、Azureでは複数の仮想ネットワークに所属する仮想マシンは作成できないため、このような仮想アプライアンスによって中継できるのは、原則として同一仮想ネットワークのサブネット間のみとなります。

【ユーザー定義ルート】

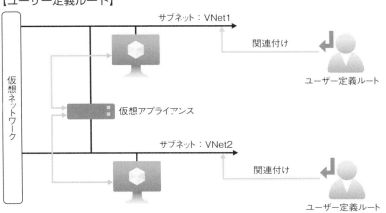

ユーザー定義ルート（UDR）は、主に仮想アプライアンスを利用するために使われます。UDRはAZ-900試験範囲に明示的には入っていませんが、後述するAzure Firewallの構成に不可欠な機能なので、Firewallと絡めて出題される可能性があります。

仮想アプライアンスで通信データを中継することで複雑な処理ルールを構成できますが、その代償として通信データの処理性能が低下します。本当に必要な場合だけ設定してください。

6　Azure Firewall

　インターネット上に設置されたサーバーは常に何らかの攻撃にさらされています。前項では、ユーザー定義ルートで中継経路を変更し、仮想アプライアンスでセキュリティチェックを行う構成を説明しました。セキュリティチェックを行う仮想アプライアンスの代表が**ファイアウォール**です。ファイアウォールの役目は大きく2つあります。1つはデータやアプリケーションを攻撃から守ること、もう1つは攻撃の監査記録（ログ）をとることです。

　Azureでは、仮想ネットワークを保護するファイアウォールを簡単に構成できるように**Azure Firewall**というサービスを提供しています。Azure Firewallは、仮想ネットワークのサブネット間だけでなく、ピアリングやVPNゲートウェイを使うことで、ほかの仮想ネットワーク（サブスクリプションの異なるものを含む）やオンプレミスとの通信も保護するファイアウォールです。

　Azure FirewallとNSGの主な違いは以下のとおりです。

・NSGが持つポート番号やIPアドレスを使った保護機能に加え、URL文字列を使った規則も指定可能
・複数の仮想ネットワークにまたがった規則を構成可能
・脅威インテリジェンスデータベースを使った既知の攻撃パターンを防御可能
・Azure仮想マシンにパブリックIPを割り当てずにインターネット接続が可能
・NSGは無償だが、Azure Firewallは有償

　Azure Firewallの監査記録は「3-3　監視とレポート」で説明した総合監視ツールAzure Monitorと統合されているので、これを利用した高度な分析が可能です。Azure Monitorの分析データを取り出して、さらに詳細な分析ツールで処理することもできます。

Azure Firewallがどのような物理構成で、どのようなマシンで動作しているかは公開されていませんし、意識する必要もありません。利用者は、単にファイアウォールとしてのセキュリティルールを考えるだけで構いません。Azure Firewallは、ファイアウォール機能を提供するマネージドサービスなので、詳細についてはAzure側が管理してくれます。

●一般的な使用シナリオ

Azure Firewallはどの仮想ネットワークにでも展開できますが、通常はビジネスの中心（ハブ）となる仮想ネットワークに展開し、他の仮想ネットワークはピアリング機能を使ってこのハブと接続するように構成します。このとき、通信データがAzure Firewallを通るようにユーザー定義ルート（UDR）の構成も必要です。

ピアリング機能で接続された仮想ネットワークを、「ハブ」に対する「スポーク」と位置付け、全体を**ハブアンドスポーク構成**と呼びます。Azure Firewallは、インターネットとのトラフィックだけでなく、スポーク間のネットワークトラフィックも管理します。スポークとしてAzureとVPNで接続された社内ネットワークも利用できます。

【Azure Firewallのハブアンドスポーク構成】

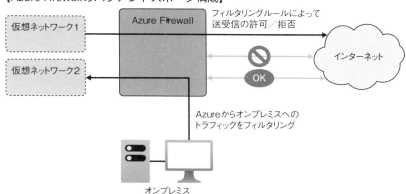

Azure Firewallでは、次のルールによって、トラフィックを制御します。

- **アプリケーションルール**…完全修飾ドメイン名（FQDN）を使った、アプリケーションごとのトラフィックの許可・不許可（FQDNはwww.trainocate.co.jpなどのような完全なホスト名を指します）
- **ネットワークルール**…送信元アドレス、送信元ポート、プロトコル、宛先ポート、宛先アドレスによるトラフィックの許可・不許可

アドレスやポート番号を使った制御はNSGでも可能ですが、FQDNを使った制御はNSGではできません。

また、マイクロソフトは、悪意あるIPアドレスとドメインに関するリスト「脅威インテリジェンス」を随時作成しています。Azure Firewallはこのリストをもとに、リスクのある通信を自動的に遮断します。この機能を**脅威インテリジェンスベースのフィルタリング**と呼びます。

Azure Firewallには、次のような特徴があります。

- **高可用性**…可用性セットを使って二重化されているため、特に利用者側が対策しなくても、一定の可用性が保証されます。さらに、複数の可用性ゾーンにまたがるように構成すれば、99.99％の可用性を実現できます。
- **スケーラビリティ**…通信量に応じて自動的にスケールアップ・スケールダウンするので、使用分のみコストが発生します。
- **高度なフィルタリング**…通信の開始や終了などの状態（ステート）を認識して、正当なパケットであるかどうかを文脈に基づいて判断します（このようなファイアウォールを「ステートフルファイアウォール」といいます）。
- **Azure Monitorとの連係**…ログ情報はストレージアカウントに保存したり、Azure Event Hubs（大量のイベント情報をリアルタイムで扱うためのサービス）にストリーム配信するほか、Azure Monitorにも送信できます。

試験対策　Azure Firewallは、複数の仮想ネットワークを管理できる汎用ファイアウォールです。

7 Azure DDoS保護

インターネットからアクセス可能なサーバーは、しばしば**分散型サービス拒否**（DDoS：Distributed Denial of Service）と呼ばれる攻撃を受けることがあります。これは、多数のホストから一斉にアクセスすることでサーバーを動作不能にするものです。その目的は、単なるいたずら（愉快犯）や営業妨害が多いようです。DDoS攻撃は以下のように行われるため、NSGで遮断することはできません。

- インターネットに公開されたサーバーに対して、一見正当なアクセスをする（たとえばWebサーバーに対するHTTPによるアクセス）
- ただし、正当なアクセスよりも圧倒的に高い頻度で、大量のデータを多くのホストから一斉に送り付ける

　例えていうと、いたずら電話をかけ続けることで、本来の業務を停止させてしまうような攻撃手法です。企業側は電話をとるまで正当な利用かどうかわからないので、事前に拒否することはできません。同様に、DDoS攻撃も個々の接続は正当なため、NSGでは遮断できません。

　DDoS攻撃はインターネット上にある利用可能なすべてのサーバーに対して実行できます。しかも、DDoS攻撃を行うためのツールは広く出回っているため、攻撃に対する参入ハードルが低いという問題もあります。

　こうした事情から、DDoS攻撃はクラウドを利用する上での重大な懸念事項となっています。DDoS攻撃が行われると、サーバーはDDoS攻撃の応答に追われてしまい、正当なユーザーがアプリケーションを使用できなくなります。

　Azureでは、DDoS攻撃に備えて**Azure DDoS保護**サービスを提供しています。このサービスでは、ネットワークを常に監視し、必要に応じて自動的にネットワーク攻撃軽減策をとることで、AzureリソースをDDoS攻撃から保護します。

　Azure DDoS保護は仮想ネットワーク単位で構成され、既知のほとんどの攻撃を遮断します。また、マイクロソフトはDDoS攻撃のパターンを分析したデータベースを常に更新しています。

　仮想ネットワークでAzure DDoS保護を有効にすると、その仮想ネットワーク内のすべての保護対象リソース（仮想マシンなど）が自動的に保護されます。事前準備やリソースの予約は必要ありません。また、Azure Firewallのような複雑な設定も不要です。

　なお、Azure DDoS保護が具体的にどのような攻撃をどのように検出して、どのように防ぐのかといった詳細な情報は公開されていません。これは、攻撃者にDDoS保護を回避するヒントを与えないためです。

　Azure DDoS保護には「Basic」と「Standard」の2つのレベルが提供されています。利用者が必要に応じてどちらかを選択します。

●Basic

　Azureプラットフォームの一部として無償で提供され、自動的に有効になります（無効にはできません）。ネットワークトラフィックを常時監視し、一般的な攻撃に対して自動的に軽減策が適用されます。これは、マイクロソフトのオンラインサービス（たとえばMicrosoft 365）で使用されるものと同じ防御機能です。

●Standard

　Basicサービスレベルに加えて、アプリケーションの利用状況に基づいた機械学習による防御ポリシーの調整や、ログ機能の拡充など、追加機能を提供する有償サービスです。利用するには「DDoS Protection Standard」を明示的に有効にする必要があります。

【DDoS保護】

Azure DDoS保護Standardサービスでは、固定の月額料金とデータ処理量に応じた料金が発生します。

試験対策

DDoS保護サービスは仮想ネットワーク単位でDDoS攻撃から保護する機能で、Basicは無償、Standardは有償です。

試験対策

Azureのサービスは、DDoS保護以外にもBasicとStandardの2つのレベルを持つものがあります。多くの場合、Basicが基本的な機能のみを無償で提供し、Standardがより高度な機能を有償で提供します。
価格が出題されることはないと予想されますが、重要な機能差は覚えてください。

8　適切なAzureセキュリティソリューションの選択

　ここまで説明したように、Azureではネットワークに関する多くのセキュリティサービスが提供されています。さらに、ネットワーク以外を対象としたセキュリティ機能も多数存在しています。こうした機能を組み合わせて使うことで、さまざまなリスクからデータを保護できます。

　多くのセキュリティ機能を組み合わせて使用するのは「1つの機能ですべてを保護する」ことができないためです。そこで考えられたのが、攻撃に対して階層的に防御を行う方法です。これを**多層防御**と呼びます。Azureにおけるセキュリティ対策も、この多層防御の概念を基本としています。

●多層防御

　多層防御（Defense in Depth）とは、攻撃に対して階層的に防御を行うことで、機密情報（データ）への被害を最小にするというアプローチです。「深層防御」と訳される場合もあります。

　多層防御はもともと軍事分野での防衛戦略として考案されました。英語では同じDefense in Depthですが、軍事分野では「縦深防御」と訳されることが多いようです。

　ネットワークの安全性を確保するとき、「安全な内部」と「危険な外部」の2つに分け、その境界を1ヶ所で厳重に防御する方法もあります。これを「単一境界防御」と呼びます。単一境界防御はわかりやすいのですが、防御層が1つしかない場合、万一そこが突破されると手遅れとなる可能性もあります。そのため、複数の方法を合わせて多層化することで、1つの層が突破されても別の方法で防御しようというのが多層防御の考え方です。

　多層防御の階層としてはさまざまなモデルが提案されていますが、マイクロソフトではこれを7つの層（レベル）に区分しています。次の図は、マイクロソフトの多層防御セキュリティモデルで定義されている各層を示しています。

【多層防御のセキュリティモデル】

・ポリシー…セキュリティの基本方針
・標準（スタンダード）…セキュリティ対策に必要な製品や機能など
・手順（プロシージャ）…セキュリティの具体的な実施手順
・認識…組織の構成員のセキュリティ意識

　各層の定義の詳細は、組織のセキュリティ基準やビジネス要件に基づいて変更しても構いません。以下に、各層の脅威（セキュリティ侵害の可能性）、脆弱性（セキュリティ侵害の原因）、リスク（セキュリティ侵害の結果として発生する損害の可能性）について説明します。

● データ層

　データ層の脅威には、データの漏えいや改ざん、破壊などが含まれます。具体的には、社員や顧客の個人情報の流出（コンプライアンス違反のリスク）、社外秘の業務データの流出（ビジネス上のリスク）、Webサイトの改ざん（信用失墜のリスク）などが含まれます。

　データ層の脆弱性は、システム構成に由来するものと、運用に由来するものがあります。システム構成に由来するものは、サーバー層やネットワーク層に根本的な原因があるため、データ層では考慮しません。運用に由来するものとしては「適切なセキュリティ設定を怠った」「誤って管理者アカウントのパスワードを公開した」などの事案が考えられます。運用に由来する脆弱性は、基本的には利用者の責任となります。

● アプリケーション層

　アプリケーション層の脅威には、アプリケーションが扱うデータの不正な取得、実行ファイルの不正な変更、アプリケーションを介したサーバーへの不正アクセスなどが含まれます。いずれの脅威も、データの不正取得やサーバーの動作停止のリスクにつながります。

　アプリケーション層の脆弱性は、入力データに対して適切な検査が行われていないことや、アプリケーションが利用するミドルウェアの脆弱性が主な原因とな

ります。たとえば、異常に長い文字列を送り付けてシステムを停止させたり、想定外の文字列を入力してアプリケーションを不正利用する事例が存在します。

　アプリケーション層の脆弱性は基本的には利用者（アプリケーション開発者）の責任ですが、PaaSの場合のミドルウェアやOSの保守はクラウドベンダー（Azureの場合はマイクロソフト）の責任となります。

アプリケーション層の代表的な脆弱性は、入力データのサイズチェックや、入力文字の検査を怠ることで発生します。たとえば、入力データとして100文字しか想定していないのに1万文字が入力された場合、あふれたデータにより実行中のプログラムが破壊されることがあります。この場合、100文字を超える文字列が入力されたらエラーを表示すべきです。
このように、アプリケーションが想定していた以上のデータを送り付けることでデータ領域（バッファ）をあふれさせ、プログラム領域まで攻撃する手法を「バッファオーバーフロー攻撃」と呼びます。

●サーバー層（ホスト層）

　サーバー層（ホスト層とも呼ばれる）の脅威には、マルウェア（ウイルスなどの悪意を持ったプログラム）の侵入を含む不正なプログラムの実行が含まれます。マルウェアが引き起こす主なリスクとしては、データの不正アクセスや実行プログラム（特に管理ツール）の不正利用が挙げられます。

　マルウェアの侵入経路の多くはOSの脆弱性を利用したものです。ただし、サーバー層の脆弱性の多くはOSのベンダー（Windowsの場合はマイクロソフト）が提供する修正プログラムを適用することで解消されます。多くのマルウェアは少し古い脆弱性を狙って侵入するため、OSを最新の状態にするだけでかなりの被害を防げます。

　Azureの場合、物理サーバーの構成や仮想マシンの動作基盤（Hyper-V）など、Azureの動作基盤部分でのリスクはマイクロソフトの責任です。しかし、仮想マシンとして動作するWindowsやLinuxの保守は利用者の責任です。マイクロソフトは利用者が作成した仮想マシンの初期展開をするだけで、最新の更新プログラムの適用は利用者の責任となります。一方、App ServiceやFunctionsなどのPaaSの場合、その動作基盤であるOSの保守はマイクロソフトの責任となります。責任の境界点については、第1章の「共同責任モデル（責任共有モデル）」も参照してください。

サーバー層の責任は、Azure全体の動作基盤とPaaSの動作基盤がマイクロソフト側にあり、PaaS上で動作するアプリケーションやIaaS（仮想マシン）のOSの構成が利用者側にあります。

●内部ネットワーク層

　内部ネットワークにおける脅威には、不正な接続や機密データの盗聴などがあり、そのまま情報漏えいのリスクにつながります。

　Azureの場合、内部ネットワークはAzure内の仮想ネットワークであり、利用者が適切な設定をしている限り、そのリスクはマイクロソフトに責任があります。しかし、現実には設定ミスで内部ネットワークをインターネットにさらしてしまい、サーバーの侵入を許すことも多いようです。この場合の責任は、利用者にあります。

●境界ネットワーク層

　境界ネットワーク層に関連する脅威には、DDoS攻撃（サービス停止リスク）や、外部ネットワーク（たとえばインターネット）からの不正アクセス（情報漏えいリスク）があります。境界ネットワーク層の攻撃は、TCPポートとUDPポートに集中しており、特にWebサーバーが使うTCPポート80番への攻撃が目立ちます。

　Azureの場合、境界ネットワーク層は仮想ネットワークとインターネットの接続点であり、その責任は原則としてマイクロソフトにあります。ただし、Azure Firewallなどを使って境界ネットワークを利用者が管理している場合は、利用者に構成上の責任があります。もちろん、Azure Firewall自体の脆弱性はマイクロソフトの責任となります。

試験対策

境界ネットワークやAzure Firewall自体の脆弱性はマイクロソフトの責任です。
構成上の問題は利用者の責任です。

●物理セキュリティ層

　物理セキュリティ層における脅威は、攻撃者が物理マシンなどのハードウェアに対して直接アクセスすることです。ハードウェアへの物理的なアクセスは、ネットワーク層をすべて迂回して攻撃できるため大きなリスクがあります。

　Azureのデータセンターは多層防御の概念に基づき、事前申請→施設玄関→建物内部→データセンター各階といったレベルで多層的に保護されます。これにより、物理的な脆弱性を最小限に抑えています。

　Azureにおける物理セキュリティは、マイクロソフトの責任となります。

試験対策

Azureのデータセンターに対する物理的な防御はマイクロソフトの責任です。

●ポリシー、標準、手順、認識

　セキュリティモデルのすべての層を取り囲んでいるのが、**ポリシー**（Policy：セキュリティの基本方針）、**標準**（Standard:セキュリティ対策に必要な機能や製品）、**手順**（Procedure：セキュリティの具体的な実施手順）です。セキュリティに必要な操作は「手順」で決められていますが、その手順は組織で決められた適切な「標準」を使用して、組織全体の「ポリシー」に基づいたものでなければいけません。

　セキュリティに対する認識を、関連するすべての部署に浸透させることも重要です。セキュリティに関する意識の低さからセキュリティ侵害につながった事例は数多くあります。教育も、すべてのセキュリティモデルにおいて不可欠です。

●多層防御の適用例

　一般に、情報セキュリティで最も重要なものはデータです。サーバーに侵入を許しても、データの漏えいも破壊もない場合、直接的なビジネス被害は最小限に抑えられます。多層防御セキュリティモデルでは、保護すべきデータを最終段に置き、そこに至るまでに何層もの保護を行います。万一、1つの層が侵害された場合でも、後続の層が配置されているため、それ以上の侵入を防いだり、侵入までの時間を遅らせたりすることが可能です。

　たとえば、Azure Firewallによって境界ネットワーク層を保護し、ネットワークセキュリティグループ（NSG）によって内部ネットワーク層を保護します。これにより、ネットワークセキュリティが多層化して、より強固なものになります。

　Azure Firewallは複数のサブスクリプションと複数の仮想ネットワークにまたがった保護を実現します。構成が複雑な分、高度な保護機能を持ちます。一方、NSGでは、個々の仮想ネットワーク内においてリソースへのトラフィックを保護します。構成が単純な分、保護機能も限定的です。

　外部から着信したデータはまずAzure Firewallでフィルタリングされます。仮に攻撃者がAzure Firewallを突破したとしても、次にNSGによる保護を突破する必要があります。

【ネットワークセキュリティグループとAzure Firewall】

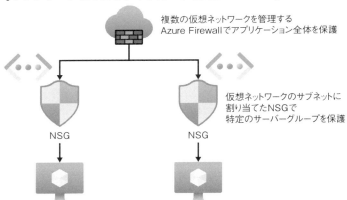

複数の仮想ネットワークを管理する
Azure Firewallでアプリケーション全体を保護

仮想ネットワークのサブネットに
割り当てたNSGで
特定のサーバーグループを保護

試験対策 多層防御は、どこか1ヶ所で防御するのではなく、さまざまな脅威に対して多層的な対策をとるという考え方です。「境界の内側は安全、外側は危険」という発想ではありません。

4-2 セキュリティツールと機能

ここではAzureで使用するセキュリティ関連の追加機能について説明します。利用者は、必要な機能を組み合わせて、自社のセキュリティ要件に合った構成を行うことができます。

1 セキュリティツールの重要性

　前節では、ネットワーク攻撃に対する基本的なセキュリティサービスについて説明しました。Azureではそのほかにも多くのセキュリティサービスを利用できます。さらに、Azureのセキュリティ機能は継続的に強化されており、今後も新しいサービスが登場する可能性があります。そのため、Azureのセキュリティについては、常に最新情報を取得することがとても重要です。

　セキュリティはクラウドの最優先課題です。Azureにはさまざまなセキュリティツールや機能が含まれるため、セキュリティで保護された安全なソリューションを作成できます。

2 Azureセキュリティセンター

　セキュリティ管理は監視すべき項目が多く、複雑なシステムでは見落としが発生しがちです。そこで用意されたのが、統合セキュリティ管理システム**Azureセキュリティセンター（Security Center）**です。Azureセキュリティセンターには、クラウドとオンプレミスのハイブリッド構成システム全体を保護する高度なセキュリティ機能があります。

　Azureセキュリティセンターは常時情報を収集しており、単に起動するだけで最新のセキュリティ評価を参照できるので、定期的に利用することをお勧めします。

【セキュリティセンター】

Azureセキュリティセンターは次の2つのレベルで使用できます。

- **Freeレベル（Azure Defenderなし）**…Azureリソースのみを対象とし、基本的な
  セキュリティ情報のみが提供されます。
- **Azure Defender**…Freeレベルの制限がなくなり、適用範囲がオンプレミスとクラ
  ウドに拡張されます。その他にも多くの機能拡張が行われます。

Azure Defenderの契約は、Azureセキュリティセンターの「価格と設定」から行います。契約後は、保護対象ごとに決められた価格で従量課金が行われます。ただし、契約後30日間は無料で利用でき、その後も不要であればいつでもFreeレベルに戻せます。

Azure Defenderを契約するには、サブスクリプションの所有者、共同作成者、またはセキュリティ管理者のロール（役割）が割り当てられている必要があります。ロールについては第5章で扱います。

●Azureセキュリティセンターの代表的な機能

ここではAzureセキュリティセンターの代表的な機能として、次の5つを説明します。

- セキュアスコア（セキュリティスコアとも呼びます）
- 規制コンプライアンス（Azure Defenderが必要）
- セキュリティポリシー

・セキュリティアラート（Azure Defenderが必要）
・リソースセキュリティの検疫（Azure Defenderが必要）

● セキュアスコア（セキュリティスコア）

Azureセキュリティセンターを使用する主な目的は、次の2つです。

・現在のセキュリティ状況を把握すること
・将来のセキュリティを向上させること

これらの目的をより簡単に達成できるように提供されているのが、**セキュアスコア**です。セキュアスコアは**セキュリティスコア**と表記されることもあります。

Azureセキュリティセンターは、サインインしたユーザーが利用できるすべてのサブスクリプションを自動的に評価し、評価結果を1つのセキュアスコアに集約します。セキュアスコアはパーセンテージで表示され、100%に近いほどリスクレベルが低いと考えられます。

セキュアスコアは、あらゆるリスクをすべて評価するわけではありませんが、一般的なリスクを簡単に把握できるため、Azure管理者は定期的に確認しておくべきです。セキュアスコアを確認するには「セキュリティセンター」から「セキュアスコア」を選択します。

4

【セキュアスコア】

サブスクリプションごとのセキュリティ評価を行ってくれる

試験対策　Azureセキュリティセンターは、Azureのセキュリティ情報を一元管理するツールです。

参考　セキュアスコアは、Azureセキュリティセンターを起動するだけでひと目でわかるように表示されます。Freeレベルでもある程度の機能は利用できるため、普段から参照する習慣を付けてください。

● 規制コンプライアンス

　規制コンプライアンスは、各種のセキュリティコンプライアンス標準に対する準拠度を簡単に評価してくれる機能です。一般的なコンプライアンス標準には運用規則が含まれるため、スコアだけでコンプライアンス標準への準拠は保証されませんが、一定の目安になります。

　規制コンプライアンスの全機能を利用するには、Azure Defenderが必要です。Freeレベルの場合はマイクロソフトが定義したガイドラインの評価のみが可能です。

【規制コンプライアンス】

試験対策 規制コンプライアンスで業界標準に基づいた評価を行うには、Azureセキュリティセンターの Azure Defenderが必要です。具体的なコンプライアンス標準は第5章を参照してください。

● セキュリティポリシー

Azureセキュリティセンターを使うと、特定の**セキュリティポリシー**（セキュリティの基本原則）のベストプラクティスに準拠しているかどうかを簡単に確認できます。たとえばAzure仮想マシンやAzure PaaSサービスの構成、オンプレミスのサーバーなどの構成が確認の対象となります。

既定で使用されるセキュリティポリシーは、マイクロソフトが想定するベストプラクティスに従ったものですが、実際に求められるセキュリティ設定は企業や部署によって異なります。重要なことは、組織で決められた方針（ポリシー）に従った適切な構成が、漏れや抜けがなく適切に行われていることです。そこで、Azureセキュリティセンターでは、第5章で説明するAzure Policyを使って独自の評価基準を構成できます。前述の「規制コンプライアンス」もAzure Policyの機能を使っています。

組織全体で一貫したセキュリティ構成を維持するには、まず組織としてセキュリティポリシーを適切に構成する必要があります。Azureセキュリティセンターでは、管理グループ（複数のサブスクリプションをまとめる機能）、サブスクリプション全体、テナント（契約）全体に対して、管理者がセキュリティポリシーに基づいたルールを設定できます。これらの機能の詳細は第5章で扱います。

4

【セキュリティポリシー】

サブスクリプション　　　　　　　管理グループ（サブスクリプションを階層管理）

●セキュリティアラート（警告）

　AzureセキュリティセンターでAzure Defenderを有効にすると、さまざまなリソースに対する各種の**アラート**（警告）発生機能を利用できます。たとえば、ネットワークトラフィックの監視情報や、各種のログデータ、マイクロソフトが持つ脅威データ分析情報がアラートの生成に利用されます。Azureに展開されたリソースのほか、オンプレミス環境やハイブリッドクラウド環境のログ情報を自動解析してアラートを発生させることも可能ですが、そのためには、監視対象にログを記録するエージェントプログラムをインストールする必要があります。このエージェントは、Azure上の仮想マシンの場合は自動インストールできますが、オンプレミスサーバーの場合は手動インストールが必要です。

【脅威の特定】

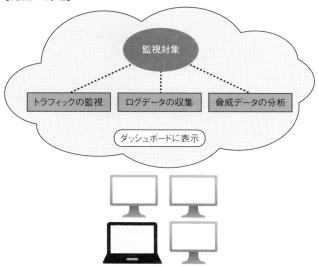

　場合によっては大量のアラートが生成され、管理者が混乱することがあります。そのため、Azureセキュリティセンターはアラートに優先順位を付け、必要な情報とともに一覧表示してくれます。また、攻撃を避けるための推奨修復手順も提供され、単純な構成変更で対応できる場合は、ワンクリックで修復するためのリンクが提示されます。

試験対策
> セキュリティアラートは、セキュリティ関連の問題が見つかった場合に、管理者にアラート（警告）を通知します。この機能を使うには、AzureセキュリティセンターのAzure Defenderが必要です。

● リソースセキュリティの検疫（resource security hygiene）

　Azure Defenderには、高度なセキュリティ評価ツールが含まれており、たとえばAzureセキュリティセンターがネットワークセキュリティの脆弱性を検出すると、リソースを保護するために必要なアドバイスをしてくれます。これを確認するには、「Azure Defender」で「ネットワークマップ」を選択します。次の図では、仮想マシンのセキュリティが一分ではないという警告が表示されています。

【Azure Defender】

【ネットワークマップ】

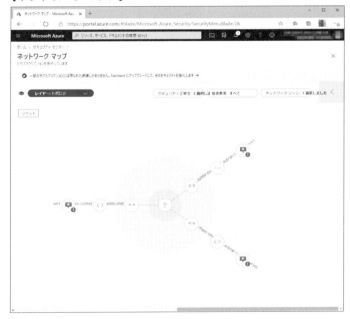

ネットワークマップなど、リソースセキュリティ検疫を利用するにはAzure Defenderが必要です。

「セキュリティ検疫」は「security hygiene」の翻訳ですが、直訳すると「セキュリティ衛生」という意味になります。つまり「ウイルスなどで汚染されていない状態」を指すようです。

検疫（hygiene）という概念は比較的新しく、Azureの公式サイトでもあまり詳しく触れられていません。たとえば上記のURLにも「検疫」という言葉は登場しません。しかし、AZ-900試験範囲として明記されているので、何らかの形で出題される可能性は高いと思われます。

なお、一般にIT分野での「検疫」は「quarantine」の訳語として使われ、「リスクのあるリソースを隔離する」という意味を持ちます。しかし「hygiene」は必ずしも隔離を伴うわけではなく、単に警告を表示するだけの場合もあります。

4

●Just-In-Time仮想マシンアクセス機能（JIT VM）

Azureで作成した仮想マシンは、インターネット経由でリモート接続して管理します（通常、Windowsの場合はリモートデスクトップ接続、Linuxの場合はSSH接続）。しかし、対象となる仮想マシンのユーザー名とパスワードさえわかれば、いつでもどこからでも利用できるというのは、セキュリティ上好ましい状態とはいえません。

AzureセキュリティセンターをAzure Defenderにすることで、個々の仮想マシンに対して管理用アクセスを制限する**Just-In-Time仮想マシンアクセス機能（JIT VM）**を有効にできます。

JIT VMが有効な仮想マシンを利用する場合、管理用ポート（リモートデスクトップやSSH接続など）が自動的に遮断され、まったくアクセスできなくなります。管理作業をする場合は、以下の手順が必要です。

① Azure管理ツールで、アクセス権を要求する
② 管理作業を要求するPCのIPアドレスを指定する
③ 指定したIPアドレスからのアクセスが許可される。ただし、一定時間（既定では3時間）経つと新規接続はできなくなる

つまり、JIT VMを有効にすることで、次の点でセキュリティが向上します。

・Azure管理者だけが、仮想マシンの管理作業を許可できる
・指定したIPアドレスからのアクセスだけが許可される
・一定時間に限定してアクセスが許可される

試験対策　JIT VM機能を使うと、Azure管理者の承認があった場合にのみ仮想マシンに接続できます。

3　Azure Sentinel

Azure Sentinelは、クラウドベースのSIEMです。**SIEM（Security Information and Event Management）**は、AzureセキュリティセンターやAzure Active Directoryなどの複数のログ情報を統合し、セキュリティ上の脅威を発見して、修復を行う統合セキュリティツールです。

【Azure Sentinel】

Azure Sentinelは、さまざまな情報を統合して、セキュリティ上の脅威の発見と修復を行うツールです。

Azure Sentinelは、発見したセキュリティ脅威をトリガーとして、自動的に応答し、あらかじめ指定した処理を実行する機能を持ちます。これを<u>プレイブック</u>と呼びます。プレイブックは<u>ロジックアプリ</u>を使うため、ロジックアプリの使用料金が追加されます。

プレイブックは、Azure Sentinel に含まれる機能で、セキュリティ脅威への対応を自動化します。

4 Azureキーコンテナー（Key Vault）

Azureがいくら高度なセキュリティ機能を持っていても、利用者がうっかり機密情報を漏らしてしまう事故は避けられません。そこで、こうした事故を防ぐために**Azureキーコンテナー**が登場しました。Azureキーコンテナーはパスワード管理ツールのようなもので、認可された利用者が安全にパスワードやデジタル証明書などを保存する機能です。

Azureキーコンテナーを使うことで、以下のセキュリティ情報を一元管理できます。

・**証明書**…デジタル証明書（秘密キーを含む）
・**キー**…公開キー認証のキーペア（公開キーと秘密キーのセット）
・**シークレット**…パスワードなど、それ自体が秘密の文字列

「証明書」はWebサイトの暗号化接続（SSL/TLS）などに利用され、身元保証と暗号化の両方に使われます。「キー」は公開キー認証で利用するキーペアで、Linuxのリモートログインで利用されるSSH接続などで使われます。「シークレット」はそれ自体が秘密の文字列で、仮想マシン展開時に指定する管理者パスワードの保存などに使われます。

Azureキーコンテナーは、パスワードや秘密キーを含む証明書ファイルなど、セキュリティ上重要な情報を保護するために使います。たとえば、仮想マシン展開時の管理者パスワードを保存できます。

　Azureキーコンテナーを使うことで、機密情報を一元的に管理してセキュリティリスクを局所化し、結果として全体的なセキュリティの向上を図ることが可能です。また、キーコンテナー（Azureキーコンテナーが管理する情報格納領域）へのアクセスは、適切な承認が行われていれば、アプリケーションからも利用できます。そのため、パスワード情報などをプログラムに埋め込むことなく、安全にアプリケーションを構築できます。

【Azureキーコンテナー】

　キーコンテナーに保存した情報は、キーコンテナーに対して適切な管理権限を持つユーザーだけがアクセスできます。また、いつ誰がキーにアクセスしたかを記録しているので、不正利用の発見と追跡が容易になります。

【Azureキーコンテナー：キーの利用状況】

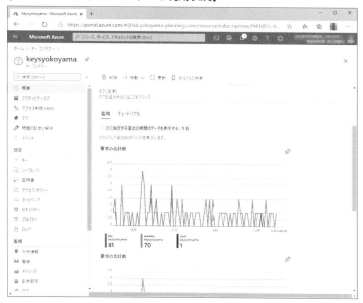

●Azureキーコンテナーの仕組み

　Azureキーコンテナーは、Azure上に作成される特別な格納領域にパスワードなどの機密情報を格納します。この領域を**キーコンテナー（Key Vault）**と呼びます。キーコンテナーは複数作成できるので、アプリケーションごとに作成して運用することも可能です。

　キーコンテナーに格納されている情報を参照するには、Azure Active Directory（Azure AD）で認証されたユーザーやアプリケーションでアクセスする必要があります。また、キーコンテナーには適切な権限をあらかじめ割り当てておく必要があります。これにより、正当なユーザーが、許可された操作のみを行えるようになります。

【Azureキーコンテナーの仕組み】

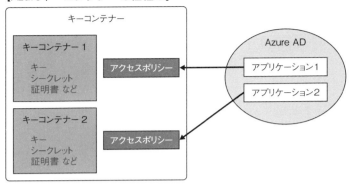

●Azureキーコンテナーを使用するメリット

Azureキーコンテナーを使うと、次の問題の解決に役立ちます。

- **シークレットの管理**…トークン、パスワード、証明書、APIキーなどの秘密の文字列（シークレット）を安全に格納し、それらへのアクセスを厳密に制御できます。たとえばAzure仮想マシンを展開するときの初期パスワードを保存しておくことができます。これにより、パスワードを知らせることなく、展開テンプレートを安全に公開できます。Azureキーコンテナーの管理者は、Azureポータルからシークレットの文字列を表示できます。

- **キー管理**…Azureキーコンテナーはキー管理ソリューションとしても使用できます。公開キー暗号では、データの暗号化に使う公開キーと、復号に使う秘密キーのキーペアが必要です。公開キーは機密情報ではないので通常のファイルとして保存できますが、秘密キーの管理は厳重に行う必要があります。Azureキーコンテナーは、秘密キーを含むキーペアを安全に格納し、アクセスを厳密に制御できます。ただし、秘密キーをAzureポータルから表示することはできません。PowerShellなどのスクリプトを含むプログラムから入手する必要があります。これにより、より安全なキー管理が可能になります。

- **証明書の管理**…HTTPS接続などで使うデジタル証明書には、公開キーだけを含む証明書形式と、秘密キーを含む証明書形式があります。Azureキーコンテナーでは、秘密キーを含む証明書を管理できます。ファイルとして保存された作成済みの証明書のほか、Azureキーコンテナーを使って新しく証明書を作成して登録することも可能です。作成できる証明書は、テスト目的で使われる「自己証明証明書」と、Azureと連携した証明機関（証明書発行会社）が発行する証明書の2種類が選択できます。本書の執筆時点では、GlobalSignとDigiCertが利用できました。

- **ハードウェアセキュリティモジュールに基づくシークレットの格納**…Premium版では、シークレットとキーの生成と保管に、Azure上に展開されたHSM（ハー

ドウェアセキュリティモジュール）を利用できます。HSMは、暗号に必要な機密情報を安全に生成、保管するための装置です。AzureのHSMは米国連邦情報処理規格（Federal Information Processing Standards）FIPS 140-2レベル2検証済みです。HSMは暗号化手順を含めたシークレットやキーの管理を完全に自社でコントロールしたい場合に適しています。マイクロソフトはHSMのハードウェア的な監視と保守のみを行い、HSMの内部情報を読み取ることもできません。

5　Azure Dedicated Host（専用ホスト）

通常、Azureの仮想マシンはどの物理マシンに配置されるかわかりません。可用性セットなどを使うことである程度は制御できますが、第三者の仮想マシンが割り当てられた物理マシンを共有する可能性は残ります。

Azureの仮想マシンはセキュリティについて十分配慮されていますが、同じ物理マシンに配置された仮想マシンの影響を完全に排除することはできません。そのため、一部の企業や業界では「他社のシステムとハードウェアを共有しない」というコンプライアンス基準を持っている場合があります。

そこで、Azureでは物理マシンを占有するサービスとして**専用ホスト**が提供されています。専用ホストを使うことで、利用者は特定の物理マシンに仮想マシンを展開し、第三者の共有を禁止できます。

試験対策

専用ホスト（Dedicated Host）は物理マシンを占有できるため、第三者の仮想マシンの影響を受けません。また、「他社のシステムとハードウェアを共有しない」というコンプライアンス基準を満たす目的で利用することもあります。

専用ホストは、以下の手順で利用します。

① ホストグループを作成し、可用性セットと可用性ゾーンの利用を宣言する
② 専用ホストを作成し、ホストグループに配置する
③ 仮想マシン作成時に、ホストグループを指定する

【専用ホストの利用】

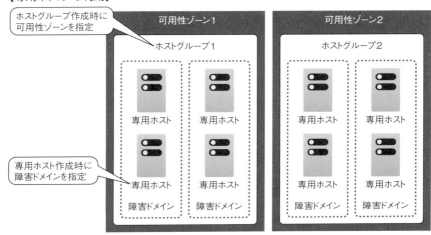

　可用性ゾーンや可用性セットを適切に使うには、複数台の専用ホストが必要です。また、専用ホストは、仮想マシンを配置するだけの十分なリソースが必要です。本書の執筆時点（2021年3月）で最も安価な構成がFsv2_Type2（CPUコア数72、144 GBメモリ）を使った場合で、1台あたり月額換算約35万円（東日本リージョンの場合）です。小規模環境には適していません。

　専用ホストにはサイズに応じた料金が課金されますが、専用ホストに展開した仮想マシンの使用料は原則として無料です。たとえばライセンス料が不要なLinuxは、リソースの許す限り無制限に無償で作成できます。WindowsなどOSに対するライセンス料金が設定されている場合は、仮想マシン単位で追加課金されます。

ある仮想マシンに大きな負荷がかかった場合、その仮想マシンと同じ物理マシンに配置された別の仮想マシンに性能面での問題が発生する場合があります。このとき「ほかの仮想マシンの実行を邪魔する仮想マシン」のことを「Noisy Neighbor（うるさい隣人）」と呼びます。Noisy Neighborはセキュリティ上のリスクになる場合もあります。
Azureが内部で使用している仮想マシン環境Hyper-VはNoisy Neighborを防ぐ仕組みを備えてはいますが、完全に防ぐことは難しいようです。

演習問題

1 仮想ネットワーク内のネットワークトラフィックに対してフィルター処理を行う機能はどれですか。正しいものを1つ選びなさい。

- A. DDoS保護
- B. アプリケーションセキュリティグループ
- (C.) ネットワークセキュリティグループ
- D. ユーザー定義ルート

2 アプリケーションセキュリティグループを使用することで実現できるものはどれですか。最も適切なものを1つ選びなさい。

- A. ストレージアカウントとともに使用することで、セキュリティの強化されたデータ保護を実現できる
- B. 仮想マシンをグループ化して、グループに基づくネットワークセキュリティポリシーを定義することができる
- C. サブネットに関連付けることで、アプリケーションの接続性を強化できる
- D. Webサーバーとともに使用することで、セキュリティが強化された暗号化通信を実現できる

3 ユーザー定義ルートの説明として、最も適切なものはどれですか。正しいものを1つ選びなさい。

- A. 仮想ネットワーク内の異なるサブネット間の通信を行うためにはユーザー定義ルートが必要である
- B. ユーザー定義ルートはシステムルートを上書き(オーバーライド)する
- C. ユーザー定義ルートの作成後、仮想ネットワーク全体に対して関連付けを行う必要がある
- D. ユーザー定義ルートはオンプレミスネットワークとの通信を行うためにのみ使用できる

4

4 Azure Firewallを使用すると実現できることとして、最も適切なものはどれ
ですか。正しいものを1つ選びなさい。

    A.　仮想ネットワーク間の通信を暗号化する

    B.　仮想ネットワーク内のサブネット間通信を暗号化する

    C.　仮想ネットワーク間でアプリケーションおよびネットワークの接続
       ポリシーを作成し、適用する

    D.　ユーザー定義のルートを作成し、ルーティングを強制する

5 Azure DDoS保護の説明として、最も適切なものはどれですか。正しいもの
を1つ選びなさい。

    A.　Azure DDoS保護を構成するすべてのサービスレベルは有料である

    B.　確実に保護するため、常にサブネットに関連付ける必要がある

    C.　詳細なトラフィックルールを定義できる

    D.　「Basic」と「Standard」の2つのサービスレベルがある

6 Azureにおける情報セキュリティ管理の基本的な考え方として、適切なもの
を1つ選びなさい。

    A.　Azureが提供するサービスを適切に組み合わせれば、利用者のセキュ
       リティ意識に依存しない、安全なシステムが構成できる

    B.　どこか1ヶ所で防御するのではなく、何重もの防御機能を実装すべき
       である

    C.　ネットワークを「安全な社内」と「リスクの高いインターネット」に分
       割し、中継ポイントで強固なセキュリティシステムを構築する

    D.　求められるセキュリティレベルに応じて、Azureの適切なサービスを
       1つ選んで実装する。複数のサービスを選択する必要はない

7 使用中のAzure環境について、セキュリティ監視を総合的に行うためにはど
のツールを使うべきですか。最適なものを1つ選びなさい。

    A.　Azure Advisor

    B.　Azure Monitor

    C.　Azureセキュリティセンター

    D.　Azure Sentinel

8 複数の情報ソースをもとにセキュリティ上の脅威を発見し、修復を行う統合セキュリティツールはどれですか。正しいものを1つ選びなさい。

    A.   アプリケーションセキュリティグループ

    B.   DDoS保護

    C.   Azure Firewall

    D.   Azure Sentinel

9 Azureキーコンテナー（Key Vault）を使用して保護できるものとして、適切なものはどれですか。正しいものをすべて選びなさい。

    A.   キーペア

    B.   シークレット（パスワード）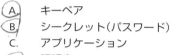

    C.   アプリケーション

    D.   証明書

10 セキュリティ上の要請から、第三者と共有されることがない物理マシンで仮想マシンを実行したいと思います。どのサービスを使うべきですか。適切なものを1つ選びなさい。

    A.   Azure Container Instances

    B.   Azure Dedicated Host（専用ホスト）

    C.   ネットワークセキュリティグループ

    D.   Azure Governmentリージョン

4

解答

1 C

ネットワークセキュリティグループ（NSG）は、仮想ネットワーク内のネットワークトラフィックに対するフィルター機能を提供します。DDoS保護はインターネットからのDDoS攻撃を防ぐサービスです。アプリケーションセキュリティグループは、NSG内で送信元または宛先に使う機能で、それ自体はフィルター機能を持ちません。ユーザー定義ルートは、ネットワークの中継経路を制御しますが、フィルター機能は持ちません。

2 B

アプリケーションセキュリティグループは、ネットワークセキュリティグループ（NSG）内で送信元または宛先として使うために、複数の仮想マシンをグループ化する機能です。暗号化通信を行う機能はありません。また、サブネットに関連付けるのはNSGそのもので、アプリケーションセキュリティグループではありません。

3 B

ユーザー定義ルートは、サブネット単位でシステム定義の中継経路（システムルート）を上書きします。仮想ネットワーク全体に関連付けすることはできません。また、ユーザー定義ルートはオプションであり、存在しない場合はシステムルートを使用します。

4 C

Azure Firewallは、仮想ネットワーク間でアプリケーションおよびネットワークの接続ポリシーを作成し、適用できます。暗号化機能はありません。また、Azure Firewallを使うためのユーザー定義ルートは自動構成されず、管理者が別途作成する必要があります。

5 D

DDoS保護には無償のBasicと有償のStandardが存在し、Basicは自動的に有効になります。DDoSにはトラフィックルールを構成する機能はありません。

6 B

あらゆるリスクを想定し、ITシステムは何重もの防御機能を実装すべきで
す。これを「多層防御」と呼びます。そのためには、Azureの複数の機能
を組み合わせる必要があります。また、利用者のセキュリティ意識が低い
場合は、重大なセキュリティ事故を起こす可能性があるので、実際の運用
ではセキュリティ教育も必要です。

7 C

Azure Security Centerは、データセンターのセキュリティ体制を強化する統
合セキュリティ管理システムです。Azure MonitorやAzure Advisorにもセ
キュリティ機能が一部含まれますが、総合的なものではありません。また、
Azure Sentinelは複数のログからセキュリティリスクを分析するサービス
で、こちらも総合的なものではありません。

8 D

Azure Sentinelは、複数のログ情報を統合し、セキュリティ上の脅威を発見
して、修復を行う統合セキュリティツールです。アプリケーションセキュ
リティグループは、NSGで利用するサーバーグループです。DDoS保護は、
DDoS攻撃からホストを保護します。Azure Firewallはネットワークデータを
保護します。いずれも脅威の発見や修復はしません。

4

9 A、B、D

Azureキーコンテナーは、公開キーと秘密キーのキーペア、シークレット
（パスワード）、証明書を管理するためのサービスです。アプリケーション
の保護機能はありません。

10 B

Dedicated Hostでは、最初に占有物理マシンを確保し、そこに仮想マシン
を構成します。物理ホスト上で他社の仮想マシンと共存することがないの
で、セキュリティ上のリスクが減少し、安定性が増します。Azure Container
Instancesは通常の仮想化と同程度の分離レベルを提供します。Azure
Governmentリージョンは、特別なセキュリティレベルを持つ米国政府向け
の独立リージョンですが、仮想マシンの扱いは一般リージョンと変わりま
せん。ネットワークセキュリティグループはネットワークトラフィックの
制御をする機能で、仮想マシンの配置とは無関係です。

第5章

ID、ガバナンス、プライバシー、コンプライアンス機能

5-1 安全なシステムとは

第4章では、主に外部からの攻撃への対応を技術的な側面から説明しました。本章では内部アクセスも含めたセキュリティについて説明します。

1 信頼できるクラウドサービス

　ITシステムは、ただ動けばよいというものではありません。保存された情報は、正当な権限を持つユーザーにだけ公開される必要があります。また、法令や社会規範から逸脱することも許されません。そのため、以下のことを考慮する必要があります。

- **ID（識別情報）**…セキュリティを考える場合「必要な情報を、必要なときに、必要な人にだけ、完全な状態で公開する」ことが重要です。そのためには、情報が必要な人にだけ公開されていること（機密性：Confidentiality）、情報が改ざんされないこと（完全性：Integrity）、情報がいつでも利用できること（可用性：Availability）の3つの要素が必要です。これらをそれぞれの英語の頭文字を取って**CIA**と呼びます。特に重要なことは「誰が利用しているか」という点です。機密性を維持するには「正当な利用者」を識別する必要がありますし、完全性を維持する（改ざんを防ぐ）には「正当な利用者ではない人による変更」を検出する必要があります。本章では、最初に「誰がアクセスしているのか」を識別するためのID（識別情報）と、それを管理するサービス（IDサービス）について説明します。
- **ガバナンス**…ITシステムが適切に管理されていることを**ガバナンス（Governance）** と呼びます。ガバナンスの本来の意味は、「支配」「統治」という意味です。ITシステムは、組織の目標に貢献するため、組織のIT戦略に合わせて、無駄のない安全な状態で運用・管理する必要があります。
- **コンプライアンス**…法令や社会規範を守ることを**コンプライアンス**と呼びます。日本語では「法令遵守」といいます。たとえば個人情報の公開範囲や利用目的は法律で制限されているため、目的外の利用はコンプライアンス違反となります。ガバナンスが組織の目標に合わせた管理を行うのに対して、コンプライアンスは外部の規範に従うことを意味します。実際には法令を逸脱した組織運営はあり得ませんから、ガバナンスとコンプライアンスが矛盾することは通常ありません。

【ガバナンスとコンプライアンス】

ガバナンス
社内規則に従って統治

コンプライアンス
法令に従って運用

- **プライバシー**…セキュリティのうち、個人に結び付く情報を**プライバシー**と呼びます。営業機密の場合、情報の所有者と管理者は同一ですが、プライバシーの場合は所有者と管理者が違います。たとえば顧客名簿の管理は会社の責任ですが、情報の主体はそれぞれの顧客個人になります。このように、一般的な機密情報とは扱いが異なるため、プライバシーには特別な配慮が必要です。日本を含む多くの国でプライバシーに関する規制が存在します。そのため、プライバシーを守ることはコンプライアンスの一種でもあります。
- **信頼性（Trust）**…適切なセキュリティ対策とプライバシー管理が行われ、コンプライアンスに従った運用がなされていれば「信頼性（Trust）」が担保されていると見なされます。どれか1つが欠けても信頼することはできません。

　Azureでは、信頼できるクラウドサービスを提供するため、技術面と運用面の両方でセキュリティ、プライバシー、コンプライアンスをサポートします。

5

5-2 AzureのIDサービス

「誰に許可・禁止したか」「誰が操作したか」を管理することは、セキュリティの重要な要件の1つです。「誰が」に相当する情報を管理するサービスが「Azure Active Directory（Azure AD）」です。

1 情報管理の基盤

第4章ではネットワークを利用した攻撃からの保護について説明しました。しかし、ここまでの内容では正当なアクセスかどうかを適切に判断することができません。社員がWebブラウザーを使って、AzureのWebサーバーにアクセスしたとします。一見、何の問題もないように思えますが、そうとは限りません。たとえば、人事部が管理している社員の個人情報が自由に閲覧できたり、経理部が管理している経営情報を勝手に変更できたりするのは適切な状態ではありません。

このように、適切な役割の人が、適切な情報に対して、適切な操作ができるように設定することはシステム管理者の大事な仕事です。こうした情報管理の基礎を提供するのが**Azure Active Directory**です。ここでは、Azure Active Directoryを中心に情報管理について説明します。

2 認証と承認の違い

情報管理をする上で、確実に理解する必要がある2つの基本的な概念が**認証**と**承認（認可）**です。これらは発生するすべての事象の根拠となり、任意のID認証およびアクセスのプロセスで順次行われます。

●認証（Authentication）

認証はユーザーの身元を証明する行為で、AuthNと短縮される場合があります。認証は大きく分けると次の3つの方法があります。

・**知っていること（something you know）を使う**…「その人だけが知っている情報を知っている場合は、その人である」と考えます。代表例はパスワードです。認証に使う場合は、他人に知られてはいけません。
・**持っているもの（something you have）を使う**…「その人だけが持ってい

るものを持っている場合は、その人である」と考えます。代表例は携帯電話やスマートカード（ICカード）です。日常生活の例では、鍵や印鑑が相当します。認証に使うには、簡単には複製できないことが必要です。

・**その人自身（something you are）を使う**…「固有性の高い身体的特徴が同一の場合は、その人である」と考えます。代表例は指紋認証や顔認証です。

　マイクロソフトは、認証サービスとしてAzure Active Directory（Azure AD）を提供します。Azure ADは、業界標準の認証プロトコルであるOpenID ConnectやSAML（Security Assertion Markup Language）をサポートします。SAMLは承認にも使われます。

【3つの認証要素】

 生体を使った認証は、現在の技術では誤認識がわずかに存在します。また、情報が流出した場合でも、容易には変更できないというリスクもあります。

●承認（Authorization）

　承認（または**認可**）は、認証された利用者に対して、何かを実行する権限を付与する行為で、(1) アクセスを許可するデータと、(2) そのデータに対して実行できる操作をセットで指定します。承認を行うには、認証が前提となります。たとえば、空港などで「Authorized Person Only」という表示が出ているドアがあります。もし勝手に入ろうとしたら、警備員に呼び止められ身分証明書の提示を求められるでしょう（認証）。しかし、空港免税店の店員の身分では、整備場に立ち入ることはできません（承認できない）。

【認証と承認】

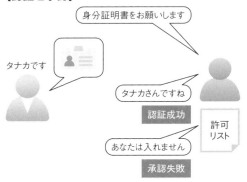

　　承認はAuthZと短縮される場合があります。Azure ADは、認証サービスのほか、業界標準の承認プロトコルであるOAuth 2.0プロトコルやSAMLもサポートします。前述のとおり、SAMLは認証にも使われます。

試験対策

本人確認が「認証」、操作の許可が「承認」で、両者は別物です。

参考

「認可」と「承認」は、いずれも「Authorization」の訳で、どちらも同じ意味です。一般には「認可」がよく使われますが、マイクロソフトでは「承認」を使うほうが一般的です。しかし、最近は業界の習慣に合わせて「認可」も使われています。試験でも、両方の言葉が使われる可能性があるので注意してください。

コラム

誰だかわからない人に権限を付与することはあり得ません。そのため、日常生活では認証と承認をセットで使うことがよくあります。たとえば、「自動車運転免許証」は、「運転可能な自動車の種類」という承認情報を記録した証書ですが、「本人しか持っていないもの」であり「本人の顔写真」が含まれることから、認証にも使用されます。このように、本来は「承認」を記録する証書を「認証」に流用することはよくあります。逆に、マイナンバーカードは認証のための証書ですが、2021年3月から健康保険証の機能を追加して「保険適用治療」の承認をさせる試みが始まっています。このように、日常生活では「認証」と「承認」はセットになっていることが多いのですが、セキュリティ的には別の概念なので間違えないようにしてください。

3 Azure Active Directory

Azure Active Directory（Azure AD）はマイクロソフトが提供するクラウドベース
の認証および承認サービスです。認証の結果としてIDが与えられるため、認証機能を**ID
管理**と呼びます。また、承認機能はアクセス許可を与えたり拒否したりするため、**アク
セス管理サービス**と呼びます。

Azure ADは、Azureサブスクリプションとは別に契約できます。たとえばビジネス
版のMicrosoft 365を契約するにはAzure ADが必要ですが、Azureのサブスクリプショ
ンを契約する必要はありません。

試験対策　Azure Active Directory（Azure AD）は、クラウドベースのID管理機能を提供し
ます。

Azure ADは、以下のリソースに対する認証と承認（アクセス管理）機能を提供します。

- **外部リソース**…Microsoft 365、Azureポータル、そのほか多くのSaaSアプリケー
  ションが含まれます。
- **内部リソース**…企業ネットワークとイントラネット上のアプリケーションや、自分
  の組織で開発したクラウドアプリケーションなどが含まれます。

具体的には以下のことができるようになります。

- **アプリケーション管理**…複数のアプリケーションに対して、同じ認証情報でサイン
  インする**シングルサインオン**を実現します。また、登録済みのアプリケーションを
  一覧表示して管理する機能も提供します。
- **認証管理**…Azure ADの**セルフサービスパスワードリセット**（パスワードを忘れた
  場合、電子メールなどで情報を通知して自分でパスワードをリセットする機能）、**多
  要素認証**（複数種類の認証を強制すること）などを管理します。
- **Microsoft IDプラットフォーム**…アプリケーションに、Azure ADによる認証を追
  加するためのツールやサービスを提供します。
- **企業間（B2B）連携**…自社のAzure ADと、ビジネスパートナーのAzure ADを連携
  させたアプリケーションを構築できます。
- **企業-消費者間（B2C）連携**…自社のAzure ADと、TwitterやFacebookなどのIDを
  連携させたアプリケーションを構築できます。
- **条件付きアクセス**…認証機能を利用するための条件を設定します。たとえば、社内

5

ネットワークからの利用では多要素認証を不要にするといった設定が可能です。

・**デバイスの管理**…デバイスが会社のデータにアクセスする方法を管理します。たとえば、条件付きアクセスと組み合わせて、未登録のスマートフォンからの認証要求を拒否することができます。

●Azure Active DirectoryとActive Directoryドメインサービス

「Active Directory」は、IDとアクセス管理についてのマイクロソフトの商標です。個々のサービスや製品は「Active Directory○○サービス」や「○○Active Directory」と呼びます。

オンプレミスで広く使われているのが**Active Directoryドメインサービス (ADDS)** です。歴史的な経緯から単に「Active Directory」と呼ばれることもありますが、Azure ADとの互換性はありません。

Azure Active Directory（Azure AD）は、クラウドベースのID管理サービスで、Azureの各種サービスのほか、Microsoft 365の認証でも使われています。Azure ADと社内Active Directoryドメインサービスを統合すると、Azureの各種サービスやMicrosoft 365の認証用IDを社内環境と共通化できるので便利です。そこで、Azure ADは以下の3つの方法で、Active Directoryドメインサービスと情報を同期または連携します。これにより、Azure ADとActive Directoryドメインサービスで同じユーザー名とパスワードを使用できます。

・**パスワードハッシュ同期（PHS）**…Active Directoryドメインサービスから Azure ADへ、パスワードハッシュ（復元不可能なデータに変換したパスワード）を複製します。Azure ADに保存されたパスワード情報を使って認証します。

・**パススルー認証（PTA）**…Azure ADへの認証を、オンプレミスActive Directory ドメインサービスに直接転送します。パスワードはAzure ADには保存されず、オンプレミスActive Directoryドメインサービスで認証します（Azure ADにもパスワードハッシュを保存するオプションがあります）。

・**ADFS（Active Directory Federation Services）**…Azure ADへの認証を、オンプレミスADFSにリダイレクト（切り替え）し、必要なデータ変換をしてからActive Directoryドメインサービスに認証を要求します。パスワードはAzure ADに保存されません。異なる組織間での連携などで、社内の情報をそのまま公開したくない場合に使います。このような変換を**フェデレーション**と呼びます。

いずれの場合でもオンプレミス側には**Azure AD Connect**と呼ばれるサービスをインストールする必要があります。さらにADFSを使う場合は、オンプレミスにADFSサーバーが必要です。

【Azure ADとActive Directoryドメインサービスの連係】

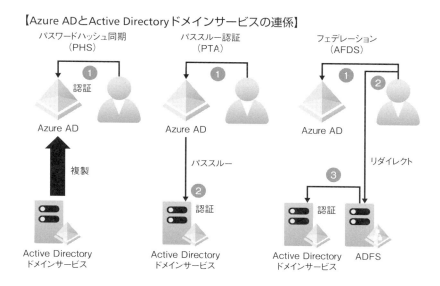

試験対策

オンプレミスのユーザーと同じアカウント情報でAzure ADにサインインする には、「パスワードハッシュ同期」「パススルー認証」「ADFS」の3つの方法が あります。

試験対策

AD Connectで構成可能な3つの方法のうち、パスワード情報をAzure ADに常 に複製するのはPHSだけです。

4 Azure多要素認証 （Azure Multi-Factor Authentication）

　多要素認証（MFA：Multi-Factor Authentication）は、3種類の認証方法「知ってい ること」「持っているもの」「その人自身」のうち、2種類以上を使う認証方法です。2つ のパスワードを使う場合のように種類が同じものは多要素認証ではありません。たとえ ば、以下の組み合わせは多要素認証の例です。

・パスワード＋携帯電話の確認コード
・パスワード＋指紋
・物理的なセキュリティデバイス＋指紋

「多要素認証」は、「知っていること」「持っているもの」「その人自身」のうち、2種類以上を使う認証方法です。単に2つの情報を使うだけでは多要素認証とは見なされません。たとえば2種類のパスワードを使うのは多要素認証ではありません。

ユーザー名とパスワードだけで認証をするのは、十分安全とはいえません。推測しやすいパスワードを使っていたり、どこかで流出していた場合、そのユーザー名とパスワードでサインインしようとしているユーザーが本人なのか、攻撃者なのかが判別できないためです。追加で2つ目の認証方法による認証も義務付ければ、セキュリティが向上します。

Azure Active Directory（AD）ユーザーに対する多要素認証（MFA：Multi-Factor Authentication）の方法は、組織が所有しているライセンスに応じて複数用意されています。

- パスワード（MFAなしで利用可能）
- Microsoft Authenticatorアプリ（スマートフォンやタブレット）
- OATHハードウェアトークン（携帯可能な小型専用ハードウェア）
- SMS（携帯電話のショートメッセージ）
- 音声電話

さらに、Windows 10では「Windows Hello for Business」を、スマートフォンでは「Microsoft Authenticatorアプリ」のオプション機能を利用することで、指紋や顔などを使った生体認証も利用できます。

Azure Multi-Factor Authenticationは、次のAzureサービスの一部として提供されます。

- Azure AD Freeオプション（Microsoft Authenticatorアプリのみ）
- Microsoft 365 Business、E3、またはE5（条件付きアクセス機能を除く）
- Azure AD Premium P1
- Azure AD Premium P2

条件付きアクセスと多要素認証（MFA）の全機能を使うには、Azure Active Directory Premium P1またはP2が必要です。無料版やMicrosoft 365版では機能が制限されます。

　多要素認証が構成された場合、以下のような流れでサインインします。ここではマイクロソフトが配布しているスマートフォンおよびタブレット向けのアプリ「Microsoft Authenticator」を使います。あらかじめスマートフォンを登録することで「利用者だけが持っているもの」の条件を満たします。

① パスワードによる認証
② MFAによる認証

【多要素認証の例（スマホアプリ）】

多要素認証のためにマイクロソフトが配布しているアプリケーション（Microsoft Authenticator）でプッシュ通知を利用した場合、指示に従って承認する

時刻に基づいて生成

試験対策
Azure ADでMFAを有効にすると、パスワードに加えて、スマートフォンやタブレットのアプリ、ハードウェアトークン、SMS、音声電話による認証が利用できます。

参考
Microsoft Authenticatorなどのアプリでは、プッシュ通知と確認コードの両方を使えるのが一般的です。プッシュ通知は「承認」ボタンをタップするだけで操作は簡単ですが、インターネット接続が必須です。確認コードは、アプリが発生したコードをパスワードのように入力する必要があるので少し手間がかかります。しかし、確認コードは時刻に同期しているため、インターネット接続を必要としません。

5-3 ガバナンス

ITシステムは、決められたルールに基づき、「正しく」運用される必要があります。これを「ガバナンス」と呼びます。Azureではガバナンスのための多くの機能を利用できます。

1 ITシステムの運用管理とガバナンス

　ここまで説明してきたセキュリティ機能は、基本的に「正しい操作のみを許可する」「不正な操作を禁止する」という発想で提供されていました。たとえば、ネットワークセキュリティグループ（NSG）は「プロトコルの種類、ポート番号、送信元／宛先の組み合わせで通信の許可／拒否を判断する」という機能ですし、Azure ADは「特定のユーザーの利用を許可する」ために使います。

　しかし、実際のIT運用管理はそれだけは十分ではありません。たとえば「データは日本国内に置かなければならない」という社内規則があるなら、東日本か西日本のリージョンを使う必要があります。東南アジアリージョンのサーバーに保存してはいけません。

　こうした運用上の規則を徹底するには、ここまでに説明した機能では不十分です。そこで、Azureには、ITシステムの運用規則を強制する機能があります。

　一般に、運用上の規律・監視体制を**ガバナンス（統治）**と呼びます。「ガバナンスがきいている」は、ITシステムの隅々まで管理者の目が行き届き、運用規則が守られ、違反することはできないか、違反してもすぐに報告が上がってくる状態のことを意味します。「ガバナンス」はITに限らず、社員の行動にも及びます。企業全体のガバナンスを**コーポレートガバナンス**、対象をITに限定したものを**ITガバナンス**と呼びます。

　AzureのITガバナンス機能を利用することで、管理権限があるユーザーが不要なリソースをたくさん作ってしまったり、適切なリージョン以外にリソースを展開したりすることを防げます。

　ガバナンスと似たような意味を持つ言葉に**コンプライアンス**があります。コンプライアンスは「法律や社会規範を遵守すること」です。「法令遵守」とも訳されますが、必ずしも法律で決められたルールだけが対象になるとは限りません。一般的な社会規範や商習慣、業界団体の自主規制なども含みます。また、複数の規範を参考にして自社固有の基準を決めている場合もあります。Azureでは「コンプライアンス」という言葉を、「公的機関や業界団体が決めた規範」と「自社固有の規範」の両方の意味で使っています。

　業界団体が定義したコンプライアンスの例に「PCI DSS（Payment Card Industry Data Security Standard）」があります。PCI DSSは、国際カードブランド5社（American

Express、Discover、JCB、MasterCard、VISA）が共同で設立したPCI SSC（Payment Card Industry Security Standards Council）によって運用・管理されています。PCI DSSに法的な拘束力はありませんが、業界団体に加盟するための条件になっている場合があります。利用者としても、たとえばネット通販で買い物をするときは、PCI DSSに準拠した運用をしている加盟店を使うほうが安心できます。

　システム管理上、コンプライアンスに必要な規則はガバナンスに含めます。そのため、両者が同じような意味で使われることもあります。

　コンプライアンスでは、単にITシステムが技術的な要件を満たすだけでなく、運用上の規則も求められます。たとえば、管理者パスワードを紙に書いて机の上に放置するようなことはしてはいけませんが、これをAzureの規則で制限することはできません。Azureがサポートするのは技術的な制限に限られます。

2　Azure Policy

　適切なガバナンスを実現するには、複数の規則を複数のリソースに適用する必要があります。たとえば、あるリソースグループに含まれるサービスに対して「個人情報を保存するアプリケーションを動かすので、日本のサーバーしか使ってはならない」「決められたサイズの仮想マシンしか使ってにならない」などの規則を適用することが考えられます。

　Azure Policyは、使用中のリソースが決められた規則に準拠しているかを評価したり、規則違反のリソース展開を禁止するサービスです。Azure Policyを使用すると、自社が定めた標準に準拠したリソースの管理が行えます。

　具体的には、遵守すべきルールを作成し、そのルールの適用先を指定することで、ルールの強制やルール違反の監視を行います。

　個々のルールのことを**ポリシー定義**と呼びます。たとえば、Azureのリソースの展開先リージョンを限定したり、仮想マシンのサイズを限定したりできます。適用先にはサブスクリプションやリソースグループを指定できます。**ポリシー**は、ポリシー定義と適用先をセットにしたものです。

試験対策

Azure Policyは、ポリシーに反するリソースの展開の防止（拒否）と、組織のコンプライアンスに準拠しているかの評価（監査）のどちらも構成できます。

　ほとんどの場合、コンプライアンスは複数の規則を同時に満たす必要があるため、Azure Policyでは、複数の規則（ポリシー）をまとめる機能があります。これを**イニシアチブ**と呼びます。イニシアチブを作成したら、その適用先（**スコープ**）を指定します。スコープにはサブスクリプションやリソースグループのほか、管理グループも指定できます。管理グループは、複数のサブスクリプションをまとめたものです（第2章を参照）。

　Azure Policyにはストレージ、ネットワーキング、コンピューティング、セキュリティセンター、監視などのカテゴリで使用できる組み込みのポリシー定義やイニシアチブ定義が用意されており、これらを使用して既存のリソースを評価したり、ポリシーに準拠していないリソースの作成を拒否したりできます。

　ポリシー定義は多くの種類が用意されているため、新たに作る必要はほとんどないでしょう。一方イニシアチブ定義の種類は、公的なコンプライアンス要件が中心で、あまり多くはありません。イニシアチブ定義はビジネス要件を満たす必要があるため、企業ごとに異なる可能性が高いからです。そのため、多くの場合は管理者自身でイニシアチブ定義を作成する必要があります。

【Azure Policyの構成】

　ポリシーには、非準拠と見なされる構成を自動的に修復する機能を含めることができます。これにより、リソースの状態の整合性を確実に確保できます。
　リソースにポリシーを適用するプロセスは次のとおりです。

① ポリシー定義を作成します。
② ポリシー定義を組み合わせてイニシアチブ定義を作成します。
③ リソースのスコープにポリシー定義またはイニシアチブ定義を割り当てて、ポリシーを作成します（ほとんどの場合はイニシアチブ定義を使用します）。
④ ポリシーの評価結果を表示します。

　ポリシーとして「監査（audit）」が指定されている場合は、定期的に状態が検査され、違反の有無が表示されます。システム管理者は必要に応じて監査結果を参照してください。「拒否（deny）」が設定されている場合は、指定以外の構成は禁止されます。ただし、

すでに配置されているリソースが自動で削除されることはなく、監査と同様、違反の有無のみが表示されます。監査と拒否のいずれを適用するのかはポリシー定義に含まれているため、変更したい場合は既存のポリシー定義を複製して新しいポリシー定義を作成します。

【監査結果】

拒否ポリシーに違反した
仮想マシンは作成できない

試験対策 作成の「拒否」ポリシーを割り当てても、すでに配置されているリソースが自動で削除されることはありません。この場合、監査と同じ意味になり、違反の有無のみが表示されます。

●ポリシー定義

　ポリシー定義には、何を評価するか、どのようなアクションを実行するかを指定できます。たとえば標準提供されるポリシー定義では、展開可能なリソースの種類、リソースを展開できる場所、展開できる仮想マシンのサイズといったものを制限できます。次の例では許可されている仮想マシンのサイズを制限しています。

【ポリシーの定義】

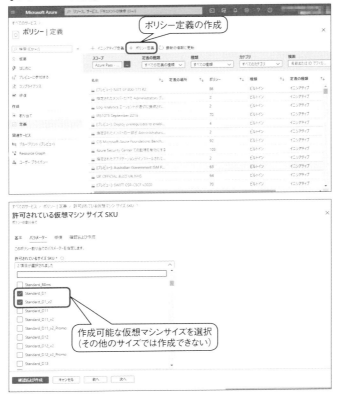

　ポリシーを実装するには、ポリシー定義をスコープに割り当てます。スコープには、管理グループ、サブスクリプション、リソースグループを指定することができます。割り当てたポリシーは子リソースに継承されます。たとえばポリシーがリソースグループに適用されると、そのリソースグループ内のすべてのリソースにポリシーが適用されます。また、ポリシーを割り当てたスコープ内から、さらに除外するサブスコープも指定できます。

●イニシアチブ定義

　イニシアチブ定義は、複数のポリシー定義をまとめる機能です。ポリシー定義をグループ化してひとまとまりで扱えるようになるため、これをスコープに割り当てることで、よりシンプルにポリシーが構成できるようになります。

【イニシアチブ定義によるコンプライアンス管理】

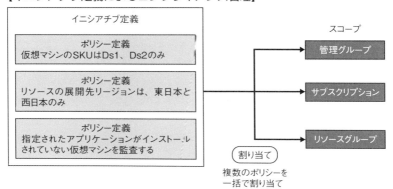

試験対策　イニシアチブ定義を使用すると、複数のポリシーをまとめて一括で適用できます。

3　ロールベースのアクセス制御（RBAC）

　ポリシーは、サブスクリプションやリソースグループなどに割り当てることで、リソースの構成を一律に制限します。しかし、特定の利用者からサービスの利用権限を奪うことはできません。たとえば、あるリソースグループに含まれる仮想マシンのサイズを制限することはできますが、仮想マシンの作成そのものを禁止したり、仮想マシンの構成変更を禁止したりすることはできません。

　ロールベースのアクセス制御（RBAC） は、Azureのリソースに対するアクセス管理（作成や閲覧などの権限）を制御することができます。具体的には、指定したAzure ADのユーザーやグループが実行可能な操作や管理範囲のスコープを割り当てることができます。

　Azureには既定でいくつかのロール（役割）が定義されており、**組み込みロール（ビルトイン役割）** と呼んでいます。組み込みロールの権限は変更できませんが、ユーザーやグループに組み込みロールの権限を付与できます。適切な権限を持つ組み込みロールがない場合にはカスタムロールを作成することもできますが、必要となる場面は少ないでしょう。

【ロールベースのアクセス制御】

【アクセス制御（IAM）の構成画面】

●RBACの利点

　RBACとAzure ADを使うことで、Azureのリソースの利用権限を柔軟に変更できます。例を挙げて説明しましょう。

　ある会社に1つの開発プロジェクトがあるとします。この開発プロジェクトではAzureのさまざまなリソースを使いますが、プロジェクトメンバーの役割に応じてできる操作が違います。そこで、以下の3つのロールを設定しました。各役割は「組み込みロール」として、最初から定義されています。

・**所有者**…すべての操作が許可されます。
・**共同作成者**…リソースの追加・変更・削除・読み取りなど、ほとんどの作業が可能ですが、セキュリティ設定の変更はできません。
・**閲覧者**…読み取りだけが許可され、追加・変更・削除はできません。

　Azureでは、組み込みロールが多数用意されているため、独自のロールを作成する必要はほとんどありません。独自のロール（カスタムロール）を作ることも可

能ですが、それほど一般的ではありません。ここで紹介した「所有者」「共同作成者」「閲覧者」も定義済みの役割（組み込みロール）です。

　プロジェクトには多数のメンバーがいますが、ここでは以下の2名だけを考えます。

　　・**ヨコヤマ**…開発1課のマネージャー兼メンバー
　　・**イマムラ**…開発2課のメンバー

　プロジェクトは開発1課が主導しており、責任者は開発1課のマネージャーが担当します。マネージャーはヨコヤマさんなので、ヨコヤマさんにはプロジェクトが使っているリソースグループの所有者のロールを与えます（下図【RBACの利点(1)】）。しかし、これでは人事異動があった場合に困ります。ほとんどの場合、1つのプロジェクトは複数のリソースグループで構成されているため、リソースグループの数だけロールの変更を行う必要があるからです（下図【RBACの利点(2)】）。ロールを個人に与えるのではなく、グループに与えることでこの問題は解決します。人事異動があっても、グループのメンバー変更を1回行うだけで、すべてのリソースグループのロールが新しいメンバーに反映されます（次図【RBACの利点(3)】）。

【RBACの利点（1）】

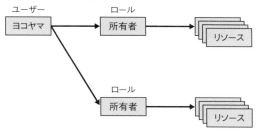

【RBACの利点（2）】

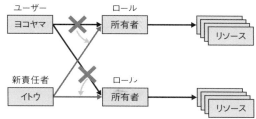

【RBACの利点（3）】

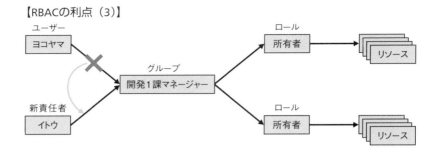

　RBACによって、部署単位でのロールの変更にも対応しやすくなります。たとえば、開発1課が主導するプロジェクトのリソースに対し、開発2課からも閲覧可能にしたい場合が考えられます。このようなときは、開発2課のメンバーが所属するグループに対して、各リソースグループの閲覧者のロールを与えます。リソースグループが複数ある場合、それぞれに対して設定する必要はありますが、比較的少ない労力でロールを追加できます。

【RBACの利点（4）】

　なお、1人のユーザーに複数のロールが割り当てられていた場合は、割り当てられたすべてのロールを持つことになります（累積します）。

試験対策

RBACの組み込みロールのうち、特に重要なものが「所有者（すべての操作を許可）」、「共同作成者（セキュリティ設定以外の操作が可能）」、「閲覧者（読み取りのみ許可）」です。

RBACを使うと、サブスクリプションやリソースグループ単位でロールを割り当てることができるので、サブスクリプションやリソースグループを管理の単位として利用できます。

試験対策

参考

リソースグループを入れ子にする（リソースグループのメンバーにリソースグループを追加する）ことはできません。また、グループの入れ子（グループのメンバーとして別のグループを指定すること）は可能ですが、ロールが引き継がれません。いずれかが可能なら、本文で紹介した「部署に与えられた役割の変更」にも柔軟に対応できるようになりますが、現状ではロールの追加や変更はリソースグループの数だけ行う必要があります。サブスクリプション全体に対してロールを割り当てることは可能ですが、必要以上に多くの権限を与えてしまうかもしれません。

4 ロック

　ポリシーやRBACを使うことで、操作範囲やロールに厳しい制約をかけることができます。しかし、そこまで厳密な制限ではなく、単に「不注意を防ぎたい」という場合もあります。Azureでは、不注意を防ぐ機能として**ロック（Lock）**を用意しています。

　ロックは、Azureリソースの誤った操作を防止するための機能で変更を防止する**読み取り専用ロック**と削除を防止するための**削除ロック**の2種類があります。

　ロックが有効なリソースやリソースグループ、サブスクリプションでは、権限があるユーザーであっても変更や削除ができなくなります。サブスクリプションやリソースグループに対するロックは、その中に含まれるすべてのリソースに適用されます。

【削除ロックの追加】

【リソースのロック】

　ただし、リソースに対して所有者のロールがあれば、誰でもロックを削除できます。ロックは「うっかりミスを防止する」機能であって、「不正な行為を防止する」といったセキュリティ機能ではありません。

試験対策　ロックは、「不正利用禁止」機能ではなく「うっかりミスを防止する」機能です。リソースに所有者のロールがあれば誰でも削除できます。

ロックには、変更を防止するための「読み取り専用ロック」と、削除を防止するための「削除ロック」の2種類があります。

ロックには「削除」と「読み取り専用」があります。英語では「Delete」と「Read-Only」で、強調したい行為を使ったようです。禁止したい行為を指定するなら「削除」と「変更」とすべきですし、許可した行為を指定するなら「変更可能」と「読み取り専用」になるところですが、「削除」と「読み取り専用」の2種類なので、間違えずに覚えてください。

5 タグ

　Azureでは、適切なロールが割り当てられていれば、自由にリソースを作成したり削除したりできます。特にテスト環境で用意したサブスクリプションでは、自由に使えるのをいいことに、無駄に高価なリソースを作成したり、不要になったリソースの削除を忘れたりすることも考えられます。こうしたことがないように、Azureではすべてのリソースに所有者や利用目的を明確にするための一種の「付箋」を利用できます。これを**タグ**と呼びます。タグ自体には特別なセキュリティ機能はありませんが、タグを利用して集計や分類ができます。たとえば、Azure Cost Management（Azureポータルの「コストの管理と請求」→「コスト管理」）に含まれる「コスト分析」では、タグを指定してリソースの集計が可能です。

　タグは「名前」と「値」から構成されますが、その使い方は特に決まっていません。命名規則を含め、組織内でわかりやすいルールを決めてください。1つのリソースに複数のタグを指定することも可能です。よくある例としては、所有者（責任者）や利用目的の記録です。また、課金の集計にもよく使われます。

【タグ付けの例】

6 Azure Advisorセキュリティアシスタンス

　セキュリティもガバナンスの要素の1つです。Azure Advisor（「3-3　監視とレポート」を参照）は、セキュリティに関するリスクや推奨事項を一覧表示する機能を持っています。これは、Azureセキュリティセンター（「4-2　セキュリティツールと機能」を参照）の機能を利用しています。

　Azure Advisorのセキュリティカテゴリの推奨事項は、Azureセキュリティセンターとの統合により提供されます。セキュリティに関する推奨事項は、Advisorダッシュボードの「推奨」カテゴリのセキュリティ」を選択します。その後、「Security Centerの推奨事項」をクリックします。複雑な操作は必要ないので、気軽に実行してください。

【セキュリティの推奨事項】

Azure Advisorはすべてのサブスクリプションで利用可能な無料のサービスです。セキュリティセンターも無料で使えますが、有償のAzure Defenderを契約すると、さらに多くの機能が追加されます。第4章も参照してください。

試験対策　Azure Advisorは、起動するだけで各種の推奨事項を一覧表示してくれます。特別な準備は必要ありません。Azure Advisorが呼び出すセキュリティセンターには無償版と有償版（Azure Defender）があります。

5

7　Azure Blueprints

　コンプライアンスを遵守するには、多くのポリシーと、複雑なRBACが必要になるでしょう。ITガバナンスの観点からも、現在利用されているポリシーやRBACを正しく把握し、適切に適用する必要があります。しかし、多くのRBACを矛盾なく構成することは困難です。

　そこで提供されているのが**Azure Blueprints**（ブループリント）です。Azure Blueprintsは組織の要件を遵守したリソースセットを定義し、コンプライアンスに準拠した新しい環境を迅速に構築するサービスです。「ブループリント（青写真）」は建築図面などでよく使われる複写技術ですが、それが転じて「設計図」「計画書」の意味を持つようになりました。

　Blueprintsを使うことで、開発環境で作成したセキュリティ構成を、すべての開発リソースに繰り返し適用できます。また、テスト済みの構成を運用環境に簡単に展開することもできます。

　Azure Blueprintsでは次の構成を展開できます。

　　・ロールの割り当て
　　・ポリシーの割り当て
　　・Azure Resource Managerテンプレートによるリソース展開
　　・リソースグループの作成

【Azure Blueprints】

　Azure Blueprintsを実装する手順は、次のとおりです。

　① ブループリント作成します。
　② ブループリントを割り当てます。
　③ ブループリントの割り当てを追跡します。

　Azure Blueprintsでは、ブループリントの定義（展開する内容）とブループリントの割り当て（展開された内容）の関係が記録されているので、これを利用すると展開された内容のリソースや各種設定の追跡および監査が容易に実行できます。また、ブループリントの定義の履歴を保存する「バージョン管理」機能も提供しています。

　Azure Blueprintsで展開される内容は、多くの場合、ARMテンプレートでも構成できます。しかし、BlueprintsにはARMテンプレートにはない以下のような利点があります。

　　・複数のポリシーやRBACを一元管理できる
　　・展開後の追跡や監査ができる

　なお、Blueprintsの利用は無料です。

試験対策　Azure Blueprintsでは、開発者が開発環境として仮想マシンや仮想ネットワークなどのリソースを繰り返し簡単に作成できます。また、テスト済みの構成を運用環境に簡単に展開することもできます。

8　サブスクリプションガバナンス

　サブスクリプションはAzureの契約単位であり、サブスクリプションの所有者はAzureに関するあらゆる権利を持ちます。そのため、ガバナンスの観点から以下の点に特に考慮する必要があります。

●請求

　請求書はサブスクリプションごとに生成されます。顧客に対するサービスを開発するサブスクリプションと、社員向けアプリケーション用のサブスクリプションでは経理上の処理が変わります。そのため、経理基準に従ってサブスクリプションを分ける場合があります。

　また、社内の複数の部門がAzureを利用していて、各部門にそれぞれのコスト負担を要求することがあります。そのようなときは部門単位でサブスクリプションを作成する場合があります。

試験対策　顧客向けサービスと社員向けアプリケーションなど、経理基準が異なる場合、経理処理がしやすいようにサブスクリプションを分けることがあります。

●アクセス制御

　サブスクリプションは契約の単位ですが、Azureリソースの展開の境界でもあります。ほとんどのリソースはサブスクリプションをまたがって構成することはできません。たとえば、仮想マシンと仮想ネットワークは同じサブスクリプションに配置されている必要があります。サブスクリプションを分離することで、リソース管理を完全に分離できます。たとえば開発環境と運用環境に対して別々のサブスクリプションを使用することで、運用環境と開発環境を簡単に分離できます。

　また、サブスクリプションは、Azure ADテナントに関連付けられ、管理者はロールベースのアクセス制御（RBAC）を使用してAzure ADユーザーにAzureリソースに対する権限を設定できます。Azure ADテナントは複数のサブスクリプションにまたがって参照できるため、RBACをサブスクリプション単位で指定することで、

同じユーザーが開発用サブスクリプションでは所有者となり、運用サブスクリプションでは閲覧者になることもできます。

　複数のサブスクリプションに対して同じ権限を与える場合は「管理グループ」を利用できます。管理グループについては第2章を参照してください。

【サブスクリプションのアクセス制御】

●サブスクリプションの制限

　サブスクリプションには**クォータ**と呼ばれる制限が関連付けられています。たとえば「仮想マシンのCPUコア数の合計」はリージョンごとの制限があります（通常は20）。設計段階でこれらの制限を考慮し、制限を超えて利用したいリソースやサービスがある場合には追加のサブスクリプションを契約します。

　多くの制限値はサポートに依頼して無料で引き上げが可能ですが、引き上げることができない制限もあります。また、引き上げ可能な制限においても、最大値が決まっている場合と、調整可能な場合があります。いずれにしても、制限を引き上げるにはサポートに連絡する必要があります。

クォータの引き上げには審査があります。問い合わせがあった場合は、クォータを引き上げることでビジネスにどれだけ貢献するか、引き上げないことでどれだけの損失が予想されるかなど、ビジネス上の重要性を明記してください。

【リソースの現在の使用量とクォータによる制限値】

MSDN Platforms	使用量 + クォータ		
サブスクリプション			

クォータ	プロバイダー	場所	使用量
Network Watchers	Microsoft.Network	東日本	100% 1 のうち 1 を使用中
Network Watchers	Microsoft.Network	東南アジア	100% 1 のうち 1 を使用中
Public IP Addresses	Microsoft.Network	東日本	40% 10 のうち 4 を使用中
リージョンの vCPU の合計	Microsoft.Compute	東日本	30% 20 のうち 6 を使用中
Standard D ファミリ vCPUs	Microsoft.Compute	東日本	10% 20 のうち 2 を使用中
Standard DSv2 ファミリ vCPUs	Microsoft.Compute	東日本	10% 20 のうち 2 を使用中
Standard DSv3 ファミリ vCPUs	Microsoft.Compute	東日本	10% 20 のうち 2 を使用中
ストレージ アカウント	Microsoft.Storage	米国中部	0% 250 のうち 1 を使用中
ストレージ アカウント	Microsoft.Storage	米国東部	0% 250 のうち 1 を使用中
ストレージ アカウント	Microsoft.Storage	東日本	0% 250 のうち 1 を使用中
ストレージ アカウント	Microsoft.Storage	東南アジア	0% 250 のうち 1 を使用中
Virtual Networks	Microsoft.Network	東日本	0% 1000 のうち 5 を使用中
Network Security Groups	Microsoft.Network	東日本	0% 5000 のうち 8 を使用中
仮想マシン	Microsoft.Compute	東日本	0% 25000 のうち 3 を使用中
Network Interfaces	Microsoft.Network	東日本	0% 65536 のうち 4 を使用中

サブスクリプションのクォータはリソースの利用量を制限します。クォータ
の引き上げはサポートに依頼します（無料）。

9　Azure向けのMicrosoft Cloud導入フレームワーク

5

　パブリッククラウドは多くの機能を手軽に安価で使えるのが利点ですが、自由なカス
タマイズができないという欠点もあります。どれほど高度なサービスでも、想定外の使
い方をした場合は使いにくかったり、期待した効果が得られなかったりします。そのた
め、クラウド提供者が想定した利用シナリオを理解し、ITシステムの設計をパブリック
クラウドに合わせる必要があります。

　ITシステムの多くの事例から、最適な構成や失敗しにくい構成（ベストプラクティス）
を集めたものを**デザインパターン**と呼びます。デザインパターンはITシステムのあらゆ
る分野で提唱されていますが、パブリッククラウドでは特に重要です。パブリッククラ
ウドには利用者が自由にできない部分があり、クラウドプロバイダーの想定している以
外の使い方で利用するのが難しいからです。

　マイクロソフトでは、情報提供サイト「Azure向けのMicrosoft Cloud導入フレームワー
ク」を公開しています。これは、実証済みの構成のドキュメント、実装ガイド、ベスト
プラクティス、ツールのコレクションで、クラウド導入作業の時間が短縮されるように
設計されています。

5-4 プライバシー、コンプライアンス、データ保護

パブリッククラウドでは、データセンターの物理的な構成を自由に変更することはできません。そのため、Azureのデータセンター基盤やセキュリティ基準について理解することは非常に重要です。

1 コンプライアンスの条件と要件

　パブリッククラウドでは、物理的なデータセンター基盤はクラウドプロバイダー（クラウド提供者）が責任を持ちます。クラウド利用者は、データセンター基盤の構成を変更することはできません。せいぜい要望を出す程度です。Azureの場合も、データセンター内の運用がどのようになっているか、顧客が見学して確認するのは難しいでしょう（マイクロソフトにビジネス上のメリットがある場合は、例外的に見学が認められることもあるそうです）。

　そのため、クラウド利用者はクラウドプロバイダーがどのようなデータセンター基盤を提供しているかを理解し、クラウドに保存したデータのセキュリティ基準なども認識しておく必要があります。また、クラウドプロバイダーが規制や標準に準拠するために、どのような施策をとっているかを理解する必要があります。

　マイクロソフトでは、AzureやMicrosoft 365を含むオンラインサービスに対して、複数の規制基準を統合したコンプライアンスの基本設計である**コンプライアンスフレームワーク**を定義しています。オンラインサービス共通のフレームワーク（枠組み）を使用することで、現在のさまざまな規制におけるコンプライアンスを効率よく適用し、将来の進化に合わせてサービスの設計と構築を行います。

2 コンプライアンスのサービス

　Azureでは、第三者機関が定義した多くのコンプライアンスに準拠したサービスを提供しています。主なものは以下のとおりです。

- **CSA STAR認証**…CSA STAR（CSA Security, Trust & Assurance Registry）認証は、クラウドサービスプロバイダーのセキュリティを第三者が厳格に評価する制度で、非営利団体「クラウドセキュリティアライアンス（Cloud Security Alliance：CSA）」が管理しています。

246

- **EU一般データ保護規則（GDPR）** …GDPR（General Data Protection Regulation）は、プライバシーに関するEUの規則です。EUの人々に商品やサービスを提供したり、EUの人々に関連するデータを収集および分析したりするあらゆる組織に課されます。
- **ISO/IEC 27018** …国際標準化機構（ISO）が策定した、クラウド環境における個人情報保護に関する国際規格です。ISOは、各国の国家標準化団体で構成される国際組織です。
- **NISTサイバーセキュリティフレームワーク（CSF）** …NIST CSFは、米国国立標準技術研究所（NIST）が発行したサイバーセキュリティ関連のリスクを管理するための規約です。

そのほかにも多くのコンプライアンス基準をクリアしています。たとえば、日本固有のコンプライアンスとしては以下の基準をクリアしています。

- 金融情報システムセンター（FISC）
- クラウドセキュリティゴールドマーク（CSゴールドマーク）
- マイナンバー法

これらのコンプライアンスを満たすには多くの設定が必要になります。Blueprintsには、代表的なコンプライアンス基準が定義済みサンプルとして提供されています。あくまでもサンプルという位置付けですが、構成の手間を大幅に省けるでしょう。また、運用についての適切な規則も必要です。

【コンプライアンス】

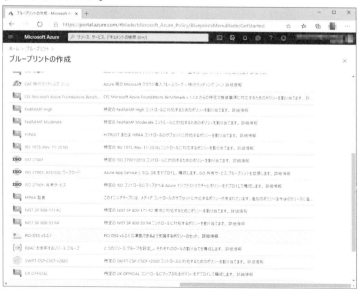

試験対策　各コンプライアンスサービスについてどのような組織が定めたものか、主なものは理解してください。MCP試験の内容は世界共通なので、世界的な重要度が高い米国とEUの主要規格から覚えてください。日本独自のコンプライアンスが出題される可能性は低いと思われますが、日本でビジネスをする場合は重要なので、あわせて覚えることをお勧めします。

●マイクロソフトのプライバシーに関する声明

　マイクロソフトプライバシーステートメント（プライバシーに関する声明）では、マイクロソフトの製品やサービスが処理する個人データ、処理方法、目的について説明しています。

3　トラストセンターとService Trust Portal

　マイクロソフトは、クラウドサービスにおけるコンプライアンス情報サイトとして、トラストセンターとService Trust Portalを公開しています。

●トラストセンター

　トラストセンター（https://www.microsoft.com/ja-jp/trust-center）は、マイクロソフトのセキュリティ、プライバシー、コンプライアンスに関する総合情報サイトです。

　マイクロソフトはセキュリティ情報の公開には積極的な企業ですが、「情報が多すぎて探しにくい」という批判がありました。トラストセンターは各種情報サイトへのわかりやすいリンクを構成することで、利便性を向上させました。

【トラストセンター】

　トラストセンターからは、セキュリティに関する情報を掲載した公式ブログにアクセスしたり、コンプライアンス認証の準拠状況を表示したりできます。

試験対策　Azureのコンプライアンス認証への準拠状況を調べるには、トラストセンターにアクセスします。

●Service Trust Portal

　トラストセンターが一般利用者への情報提供サイトであるのに対して、組織のコンプライアンス責任者などを対象に、より詳細で専門的な情報を集めたのが**Service Trust Portal**（https://servicetrust.microsoft.com/）です。Microsoft 365、Dynamics 365、Azureのいずれかのサブスクリプションを持つユーザーがアクセスでき、コンプライアンス関連の詳しい情報を入手できます。

　Service Trust Portalからは、以下のサイトへのリンクが提供されます。

・**コンプライアンスマネージャー**…Microsoftコンプライアンスマネージャーは、マイクロソフトのクラウドサービスに関連するコンプライアンスアクティビティを管理するリスク評価ツールです。Microsoft 365、Dynamics 365、Azureなどのマイクロソフトのクラウドサービスにおけるコンプライアンス管理をサポートします。

・**トラストドキュメント**…トラストドキュメントでは、セキュリティの実装と設計情報にアクセスできます。トラストドキュメントから、以下のレポートへアクセスできます。

　・**監査レポート**：ISO、SOC、NIST、FedRAMP、GDPRといったデータ保護標準や規制要件の監査および評価レポートを確認することができます。

　・**データ保護**：監査対象のコントロールやコンプライアンスガイドなどのデータ保護のためのリソースです。

　・**Azureのセキュリティとコンプライアンスの青写真**：政府機関、金融、医療、小売業向けのセキュリティとコンプライアンスのBlueprintsサンプルです。

・**業界と地域**…マイクロソフトのクラウドサービスに関して、特定の業界のコンプライアンス情報や特定の地域固有のコンプライアンス情報にアクセスできます。

・**セキュリティセンター**…セキュリティセンターは、すべてのマイクロソフトクラウド製品、サービスに関するセキュリティ、プライバシー、コンプライアンス、透明性を実装およびサポートする方法に関する情報がまとめられているWebサイトです。

・**マイライブラリ**…マイライブラリには頻繁にアクセスするドキュメントを保存しておくことが可能です。また、登録したドキュメントが更新されたときに電子メールによる通知を設定できます。

【Service Trust Portal】

試験対策　コンプライアンス認証に対する監査レポートなど、Azureの専門的な情報を入手するには、Service Trust Portalにアクセスします。

●Service Trust Portalへのアクセス

　Service Trust Portalは誰でも無料で利用できますが、コンプライアンス情報を入手するには、以下のいずれかのオンラインサブスクリプション（試用版または有料版）のアカウントとしてサインインする必要があります。

　・Microsoft 365
　・Dynamics 365
　・Azure

　Microsoftクラウドサービスアカウント（Azure ADアカウントまたはMicrosoftアカウント）としてサインインしたあとは、コンプライアンスマテリアルに関するマイクロソフトの秘密保持契約に同意する必要があります。

【Service Trust Portalへのアクセス】

4 Azure Governmentサービス

Microsoft Azure Governmentは、米国連邦政府機関、州政府および地方自治体、それらのソリューションプロバイダーのセキュリティとコンプライアンスのニーズに対応したサービスです。Azure Governmentサービスを使用できるのは、米国連邦政府、州、地方自治体またはそのパートナー契約を締結した組織に限定されています。

　Azure Governmentサービスでは、米国政府以外の利用者とは物理的に分離されたデータセンターと米国内のネットワークのみが使用されています。身辺調査された米国籍の職員のみがサービス提供業務にあたっており、FedRAMP、NIST 800.171（DIB）、ITAR、IRS 1075、DoD L4、CJISなどの米国政府の規制や要件に適合するよう、最高レベルのセキュリティとコンプライアンスが提供されています。Azure Governmentサービスを利用する際は、6つの政府専用データセンターリージョンのいずれかを選択します。これらのリージョンの中には、住所を完全に非公開にしており、州の名前すら公開されていないものもあり、高度な国家機密を扱っていることが推測されます。

試験対策

Azure Governmentは米国連邦政府機関や米国州政府、地方自治体とそのパートナーのみが利用可能な特殊なリージョンです。パートナー契約を結んでいれば、民間企業からも利用できます。

5 Azure Germanyサービス

Microsoft Azure Germanyサービスは、英国を含むEU/EFTA圏内でビジネスを行う予定の顧客が利用可能なサービスです。Azure Germanyでは、転送や保存されるデータをドイツ国内のデータセンターに配置し、すべてのデータは、ドイツ国内にある独立した信頼のおける会社（トラスティ会社）であるT-Systems International（ドイツテレコムの子会社）によって管理されます。

　Azure Germanyは、自分のデータの所在地がドイツ国内であることを必要とするユーザーや企業は誰でも使用できますが、EU内でのビジネスはかなり自由なので、実質的にはEU全域向けと考えて構いません。公式サイトにも「英国を含むEU/EFTA圏内でビジネスを行う予定の全世界の有資格のお客様およびパートナーにご利用いただけます」とあります。

　Azure Germanyで提供される機能はAzureの通常のリージョン（グローバルAzure）と構成の違いがあるため、特定の機能やサービスがAzure Germanyでは使用できない場合があります。

なお、現在ドイツには一般向けの通常のリージョンも存在します。紛らわしいので、従来の「Azure Germany」を**ソブリン（sovereign）**と呼ぶようになりました。「ソブリン（sovereign）」は「独立した主権を持つ」という意味で、ほかのリージョンから独立していることを意味します。

Azure Germanyは、英国を含むEU圏内でビジネスを行う人なら誰でも利用可能なリージョンです。最近は「Azure Germany」ではなく「ソブリン（sovereign）」と呼ぶことも増えており、試験問題に登場するかもしれません。

試験対策

ドイツには、Azure Germanyのほか、一般利用可能なリージョンとしてドイツ中西部（フランクフルト）とドイツ北部（ベルリン）ができました。そのため「Azure Germany」が「ドイツにある一般リージョン」なのか「EU向けの独立リージョン」なのか混乱してしまいます。そこで、従来のAzure Germanyを「ソブリン」と呼ぶことになったようです。なお、ソブリン（Azure Germany）は、ドイツ中部（フランクフルト）とドイツ北東部（マクデブルク）にあります。

参考

6 Azure China

5

Azure Chinaは、中国においてAzureの名を冠して提供されているクラウドサービスであり、Beijing 21Vianet Broadband Data Center Co., Ltd.の子会社であるShanghai Blue Cloud Technology Co., Ltd.（21Vianet）が独立して運営しています。中国でAzureを利用するには、21Vianetと契約を締結する必要があります。

Azure Chinaは、中国政府の規制に準拠するパブリッククラウドサービスを提供します。中国ではChina Telecommunication Regulationに従い、クラウドサービスのプロバイダーは、付加価値通信許可を受けている必要があります。この許可を受けるのは、外国からの投資が50%未満の現地登録企業に限定されます。そのため、中国でのAzureサービスは、マイクロソフトからライセンスを受けたテクノロジーに基づいて21Vianetが運用しています。

中国でのAzureサービスは、マイクロソフトからライセンスを受けた別会社が運用しています。

試験対策

演習問題

1 認証と承認に関する説明として、最も適切なものはどれですか。正しいもの
を1つ選びなさい。

    A.   認証とはユーザーが身元を証明するプロセスである
    B.   認証とは利用者に対して何かを実行する権限を付与する行為である
    C.   承認とはユーザーが身元を証明するプロセスであり、最初に行われ
       るプロセスである
    D.   承認は認証の代わりに行われる操作であり、利用者に対して認証な
       しにリソースへのアクセス権限を付与することもできる

2 Azure Active Directory（Azure AD）に関する説明として、最も適切なものは
どれですか。正しいものを1つ選びなさい。

    A.   オンプレミス環境でIDおよびアクセス管理に使用する
    B.   Microsoft 365などの外部リソースへのサインイン機能などは備えて
       いない
    C.   セルフサービスパスワードリセットの機能などは備えていない
    D.   クラウドベースのIDおよびアクセス管理サービスを行う

3 スマートフォンからアプリケーションを利用する場合、**Azure Multi-Factor
Authentication**で使用できる認証方法として、適切なものはどれですか。正
しい組み合わせを1つ選びなさい。

    A.   Microsoft Authenticatorアプリとユーザーが作成した「秘密の質問」
    B.   認証パスワードと承認パスワード
    C.   パスワードとMicrosoft Authenticatorアプリ
    D.   パスワードとユーザーが作成した「秘密の質問」

4 既定のロールで閲覧者が実行可能な操作は次のうちどれですか。正しいものを1つ選びなさい。

    A.　リソースの作成
    B.　リソースの変更
    C.　リソースの削除
    D.　リソースの読み取り

5 開発環境で作成した多数のAzureリソースに対して、複数のポリシーやロール（役割）を割り当てます。構成セットにはバージョン管理（履歴管理）機能が必要で、同じ構成を何度も適用する可能性もあります。最も適切と思われるサービスを1つ選びなさい。

    A.　Azure Resource Manager Template
    B.　Azure Blueprints
    C.　Azure Policy
    D.　RBAC

6 リソースの所有者が誤ってリソースを削除しないようにするには、どの機能を使いますか。最も適切なものを1つ選びなさい。

    A.　Azure Policy
    B.　RBAC
    C.　タグ
    D.　ロック

7 ロールベースのアクセス制御を使って、スケールアウトされたWebサーバーの管理者権限を割り当てます。Azureのどの機能を使いますか。最も一般的なものを1つ選びなさい。

    A.　Azure Advisor
    B.　管理グループ
    C.　タグ
    D.　リソースグループ

5

8 あらゆる業界にわたる国際標準を定義する組織を1つ選びなさい。

    A.　ISO

    B.　NIST

    C.　Azure Government

    D.　GDPR

9 特定の国のリージョンでのみ、Azureリソースの作成を許可するために、どのAzureサービスを使用しますか。正しいものを1つ選びなさい。

    A.　ロック

    B.　管理グループ

    C.　Azure Policy

    D.　Service Trust Portal

10 Azureが地域の規則に準拠しているかを確認するため、取得済みのコンプライアンス認証の調査には何を確認しますか。適切なものを1つ選びなさい。

    A.　Azure Advisor

    B.　セキュリティセンター

    C.　トラストセンター

    D.　Azure Policy

解答

1 A

認証はユーザーが身元を証明するプロセスで、承認（認可）は利用者に対して何かを実行する権限を付与する行為です。認証は承認の前に行う必要があります。

2 D

Azure ADは、クラウドベースのIDおよびアクセス管理サービスで、Azureのほか、Microsoft 365などでも利用しています。オンプレミス環境でのID管理に使うActive Directoryドメインサービス（ADDS）とは別物です。

3 C

Azure Multi-Factor Authentication（多要素認証：MFA）は、「知っているもの」としてパスワード、「持っているもの」として携帯電話やスマートフォン、「ユーザー自身」として指紋認証や顔認証などの生体認証が使えます。
スマートフォンでは、Microsoft Authenticatorアプリによって所有を確認します。
「秘密の質問」で認証を行うことはできません。
「認証パスワード」や「承認パスワード」という考え方は存在しません。

4 D

「閲覧者」は読み取りのみが可能です。作成、変更、削除はできません。

5 B

Azure Blueprintsは、複数のポリシーやロールをまとめて保存することで、何度でも繰り返し適用できます。Azure Resource Template（ARMテンプレート）でも繰り返し適用することは可能ですが、履歴管理機能は備えていません。Azure Policyはポリシー管理のみ、RBAC（ロールベースのアクセス制御）はロール管理の機能のみしか持ちません。

6　D

ロックを設定すると、ロックを削除するまで管理者であっても変更や削除ができなくなるため、誤って変更や削除をしてしまう事故を防げます。Azure Policyではリソースの設定項目を制限できますが、操作を制限することはできません。RBACでは所有者の権利を制限することはできません。タグにはリソースの利用を制限する機能はありません。

7　D

ロールベースのアクセス制御（RBAC）の割当先として最も一般的なのは、リソースグループです。管理グループでは、サブスクリプション全体に権限が割り当てられてしまいます。Azure AdvisorやタグにRBACを割り当てることはできません。

8　A

ISOはあらゆる業界の国際標準を定義している組織です。NISTは米国標準機関、GDPRはEUの個人情報保護規則です。Azure Governmentは米国政府機関用のリージョンであり、標準を定義しているわけではありません。

9　C

Azure Policyを使うことで、リソースを作成できるリージョンを制限できます。ロックは操作ミスの防止のみが可能です。管理グループでロールベースのアクセス制御（RBAC）は可能ですが、リージョンの制限はできません。Service Trust Portalはマイクロソフトのセキュリティ、プライバシー、コンプライアンスについてのベストプラクティスや、ガイドライン、ツールを提供するポータルサイトです。

10　C

トラストセンターはマイクロソフトのセキュリティ、プライバシー、コンプライアンスについてのポータルサイトで、Azureが取得済みのコンプライアンス認証一覧もここから参照できます。Azure Advisorは、Azure上に展開したサービスについて各種のアドバイスを得られます。セキュリティセンターはAzure上に展開したサービスのセキュリティチェックを行います。Azure PolicyはAzureのサブスクリプションやリソースの制限や監査機能を提供します。

第6章

コスト管理と
サービスレベルアグリーメント

6-1 コストの計画と管理

クラウドでは、使った分だけ払う「消費ベースモデル」が基本です。日頃からリソースの
利用状況を監視し、無駄を省くことで、毎月のコストを下げることができます。

1 長期運用に必要なこと

　第2章と第3章ではAzureが提供するサービスについて、第4章と第5章ではそれらを利
用したシステムを安全に運用する方法について説明しました。しかし、長期的な運用を
行う場合はもう1つ重要な項目があります。それは、使用中のサービスが安定して提供
されるのかということです。

　ここでは、Azureのサービスがいくらで提供されるのか（課金体系）、どの程度安定
しているのか（サービスレベル）、いつまで提供されるのか（ライフサイクル）といっ
た内容を扱います。なお、具体的な価格については、変動もあるため詳しくは扱いません。
AZ-900試験にも具体的な金額が出題されることはないでしょう。

2 Azureの製品とサービスの購入

　Azureサブスクリプションの契約をする場合、組織の目的に応じて適切なものを選ぶ
必要があります。選択を間違えると、処理が煩雑になったり料金が高くなったりします。
　Azure製品やサービスで利用することが可能な購入オプションとしては、次の3種類
があります。これらの違いは第2章で簡単に説明しましたが、ここで詳しく説明します。

・**従量課金（Webダイレクト）**…Azure Webサイトから直接購入し、使った分だけ
　支払う従量課金制です。「PAYG（Pay As You Go）」という表現もよく使われます。
　基本的にはクレジットカードによる後払いですが、一定の条件を満たせば請求書処
　理に切り替えることも可能です。サブスクリプション単位の支払い処理が必要なの
　で、複数のサブスクリプションを契約すると事務処理が煩雑になります。主に個人
　または個人事業主向けのプランです。料金はすべて定価で、AzureのWebサイトで
　公開されている金額がそのまま適用されます。
・**エンタープライズアグリーメント（EA）**…主に大企業向けで、マイクロソフトのラ
　イセンシングパートナーから購入した場合でも、マイクロソフトと直接契約を結び
　ます。年間で最低使用料を約束（年額コミットメント）する必要がある代わりに利

用料金の割引など、さまざまな特典があります。
- **クラウドソリューションプロバイダー（CSP）** …主に中小規模の企業向けで、クラウドソリューションプロバイダー（CSP）と呼ばれる代理店経由で購入します。支払いは請求書処理が一般的ですが、代理店によってはクレジットカードが使える場合もあります。料金的にはWebダイレクトとほとんど変わりませんが、CSP独自の付加サービスが提供されることが多いようです。また、サポートもCSP経由で行われます。CSPで対応できないトラブルは最終的にはマイクロソフトにエスカレーションされます。EAほど大規模ではないものの、多くのサブスクリプションを契約している企業でよく使われます。

【Azureサブスクリプション契約の種類】

	従量課金	クラウドソリューションプロバイダー	エンタープライズアグリーメント
略称・別名	Webダイレクト、PAYG	CSP	EA
契約先	マイクロソフト	CSP	マイクロソフト
主な対象	個人・個人事業主	中小企業	大企業
支払い	クレジットカード 条件を満たせば請求書払い可	CSPに依存	請求書払い
最低利用金額	なし	なし	年額コミットメントが必要
割引	なし	CSPに依存	別途契約

試験対策

Webダイレクトは従量課金と同じ意味で使います。個人または小規模な企業が対象です。エンタープライズアグリーメント（EA）は大企業向け、クラウドソリューションプロバイダー（CSP）は中規模以下の企業向けです。

6

　複数のサブスクリプションを管理するには「管理グループ」を使います。管理グループについては第2章を参照してください。

3　Azureのコストに影響を与える要因

　Azureのほとんどのサービスに、性能に結び付いたSKU、扱うデータ量、操作の回数に基づいて課金されます。**SKU**はStock Keeping Unitの略で、「在庫管理の単位」つまり「製品の型番」を意味します。なお、サービスによってはデータ量や操作回数は課金対象ではない場合もあります。

　課金対象となる項目は**メーター**と呼ばれ、リソースの使用量を測定し、利用料金を計算するのに使用されます。

　たとえば、Azureで単一の仮想マシンを展開した場合、その使用量を測定するメーターには次のものがあります（Standard HDD使用の場合）。

- **コンピューティング時間**…仮想マシンの動作時間（分単位課金）
- **IPアドレス時間**…パブリックIPアドレスの使用時間（時間単位課金）
- **データ転送（受信）**…ギガバイトあたり単価
- **データ転送（送信）**…ギガバイトあたり単価
- **Standard**マネージドディスク…サイズあたり単価
- **Standard**マネージドディスク操作…1万回あたり単価

そのほかにもAzureのコストに影響を与える要素として、以下のものがあります。

- リソースの種類
- サブスクリプション
- 場所（リージョン）
- データ転送トラフィック

試験対策　Azureの主なコスト要因に、リソースの種類とSKU、サブスクリプション、リージョン、データ転送トラフィックがあります。

●リソースの種類

　コストはリソースの種類ごとに決められたルールに従って計算されます。リソースの種類が違うとメーターの種類も違うため、多種類のリソースを同時に使用した場合、計算は非常に複雑になります。メーターが測定した使用量と単価をもとに、1ヶ月単位で金額が算出されます。

　特定リソースでのコストや各リソースに関連付けられているメーターの詳細を確認するには、「コストの管理と請求」→「コスト管理」から「コスト分析」内の「リソースごとのコスト」ビューを使います。

　「コスト管理」で表示されるツールは**Azure Cost Management**と呼ばれ、Azureのコスト管理全体を総合的に監視・分析する機能を持ちます（詳しくは後述の「Azure Cost Management」で紹介します）。

【リソースの種類別コスト分析】

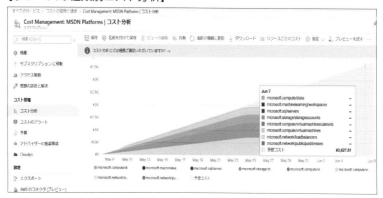

●サブスクリプション

　Azureの使用料金や請求期間は、サブスクリプションの種類（Webダイレクト、エンタープライズアグリーメント、クラウドソリューションプロバイダー）によって異なります。

　Azureの利用状況と請求金額の詳細は、Azureポータルから参照できるほか、データとしてダウンロードすることも可能です。ただし、これらの情報を取得できるのは、特定のロール（アカウント管理者やエンタープライズ管理者など）に限られます。リソースの閲覧者のロールでは取得できません。

●リージョン（地域）

　第1章でも説明したように、リージョンとは、Azureのサービスを提供するデータセンターが存在する地域のことです。日本には「東日本」リージョンと「西日本」リージョンがありますが、ネットワークの遅延による影響を考慮して、通常は利用者から最も近いリージョンを選択します。

　しかし、使用料金を節約するためにあえて遠方のリージョンを選択する場合もあります。Azureのリソースの多くは、リージョンごとに単価が異なるため、リージョンを変更するだけで単価が下がる場合があります。

　ただし、複数のリソースが異なるリージョンにある場合（たとえば1台の仮想マシンが「東日本」リージョン、もう1台の仮想マシンが「東南アジア」リージョンにある場合）、リソース間の通信時に、リージョンを越えてデータを転送する必要があります。リージョン内通信は原則として無料ですが、リージョン間通信は有料なので、リージョン変更によるコスト削減効果が、データ転送の追加コストによって相殺される可能性があります。また、リージョンが異なるとネットワーク遅延も大きいため、レスポンスが悪化することもあります。リージョンを選択するときは、総合的に判断してください。

東日本と西日本を比べた場合、東日本のほうが新しいサービスが先に展開されることが多いようです。たとえば2021年2月時点で「可用性ゾーン」は東日本でのみ提供されており、西日本では利用できません。アジア圏では東南アジア（シンガポール）のデータセンターが比較的大規模で人気があります。

●仮想マシン

　仮想マシンは起動してから秒単位で実行時間が計測され、分単位で課金されます（請求書には時間に換算して記載されます）。1分未満は切り捨てられますが、最初の1分は切り捨てられません（最低課金1分）。仮想マシン内でシャットダウンした場合、「停止」状態にはなりますが、物理マシンの割り当ては解除されず、課金は停止しません。Azureの管理ツールから「停止」を行うことで、シャットダウン後に「割り当て解除」状態になり、課金が停止します。ただし、ストレージ料金は継続して課金されます。

【仮想マシンの課金サイクル】

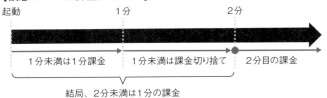

　Azureの多くのリソースが時間単位課金なのに対して、仮想マシンは分単位で課金されます。これは、ほかのリソースに比べて仮想マシンの単価が高く、少しでも節約できるように考慮されているからだと思われます。

　仮想マシンの具体的な価格の計算例は「1-3-2　固定費から変動費へ：早く黒字化したい」で紹介しているので参考にしてください。

仮想マシンの課金は1分単位です。1分未満は切り捨てますが最初の1分は課金対象です。

●データ転送トラフィック

　データ転送トラフィックとは、Azureデータセンター間で送受信されるデータを指し、「帯域（bandwidth）」とも呼びます。データ転送トラフィックは次の4通りで課金されます。

● インターネットとの通信

　データセンターから送信するデータ量に応じて課金されます。受信データには課金されません。料金はデータセンターの所在地によって決まっており、送信データも5GBまでは無料です。また、送信データ量に応じて価格が段階的に安くなるように設定されています。

● Azureリージョン間の通信

　従来はインターネットとの通信と同様に計算していましたが、2020年9月から地域分割が細分化されるとともに、通信量の段階的価格設定が廃止されました。課金そのものは従来どおり送信データにのみかかります。変更は段階的に行われ、対応が済んだ地域から順次切り替わります。

　2020年9月から細分化される地域は以下のとおりです。

　　・北米
　　・南アメリカ
　　・ヨーロッパ
　　・中東／アフリカ（MEA）
　　・アジア
　　・オセアニア

● ピアリング

　複数の仮想ネットワークをピアリングによって直接接続している場合、ネットワーク間で通信が発生すると、受信側と送信側のそれぞれで課金が発生します。リージョン内とリージョン間のいずれの場合も、送受信ともに1GB単位で所定の料金がかかります。

● 可用性ゾーン

　リージョン内の可用性ゾーン間の通信は、2021年7月1日から送受信ともに課金が開始される予定です。それまでは無料で使用できます。可用性ゾーン内と、可用性ゾーンを使わない同一リージョン内の通信はいずれも無料です。

6

【データ転送トラフィックの課金】

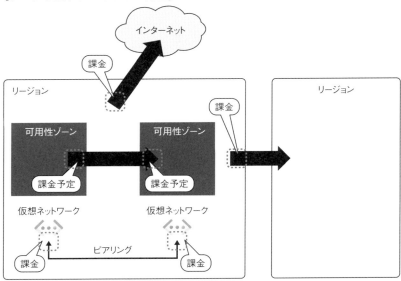

試験対策
インターネットおよびリージョン間のネットワーク帯域は、Azure側が受信するデータに対する課金はありません。一方、ピアリングについては送信と受信（Azureから出るデータ）の両方に課金されます。

参考
Azureリージョン間の課金体系は2020年9月から順次変更されていますが、本書の執筆時点でも完全には完了していないようです。MCP試験は世界共通の問題が出るため、地域によって正解が違うということがあり得ますが、受験者の混乱を防ぐため、実際にはそのような問題は出題されないと思われます。

4　課金用の地域設定

　Azureでは、リージョンを地理的なグループに分類し、グループごとに通信量に対する課金単価を設定しています。これを「ゾーン」または「課金ゾーン」と呼んでいました。「可用性ゾーン」と紛らわしいためか、現在では「大陸（Continent）」と呼んでいます。
　現在（2021年2月）は、以下の大陸が設定されています。

・北米とヨーロッパ
・アジア（日本を含む）、オセアニア、中東、アフリカ
・南米

5　料金計算ツール

　Azureの料金は複雑なので、Webベースの料金計算ツールが提供されています。これにより、Azure製品の構成とコストの見積もりを行うことができます。料金計算ツールではAzure製品がカテゴリごとに表示されるため、必要なAzure製品を選択後、要件に従って構成すると、それに応じた見積もり額が提示されます。また、選択した製品を追加、削除、または再構成することにより、料金計算ツールから新しい見積もりが提供されます。料金計算ツールから各製品の価格や製品の詳細情報、ドキュメントにアクセスすることも可能です。
　料金計算ツールでは、リソースに対して設定可能なオプションのほとんどを指定できます。たとえば「仮想マシン（Virtual Machines）」を選択した場合の構成オプションは次のとおりです。

・**リージョン**…データセンターのあるリージョン
・**オペレーティングシステム**…WindowsかLinuxか
・**TYPE**…OSのみか、サーバーアプリケーション付きか
・**レベル**…StandardまたはBasic（Basicは安価だが、性能が抑えられ、スケールアウトもできない）
・**インスタンス**…仮想マシンのサイズ（CPUコア数やメモリ量など）
・**割引のオプション**…Windowsライセンスの持ち込みなどの割引オプションの指定
・**サポート**…サポート契約レベル
・**プログラムおよびプラン**…エンタープライズアグリーメントなどの契約の有無

【料金計算ツール】

　なお、料金計算ツールで表示される価格は参考値であり、正式な価格見積もりとしての使用は想定されていません。

　料金計算ツールは、以下のサイトから利用できます。

・「料金計算ツール」
　https://azure.microsoft.com/ja-jp/pricing/calculator/

試験対策　Azureの利用料金の概算を計算するのが「料金計算ツール」です。

参考　料金計算ツールには、構成の妥当性を検証する機能はありません。必要なリソースに抜けがあっても、エラーになったり、必要なリソースを自動で追加してくれたりはしないので注意してください。

6　総保有コスト（TCO）計算ツール

Azureに限らず、パブリッククラウドの料金をオンプレミスと同様の構成で単純に計算すると非常に割高になることがあります。これには主に2つの原因があります。

・仮想マシンが同じ台数で常時稼働することを前提としている
・クラウドによって節約できる運用コストを考慮していない

Azureでは、仮想マシンの割り当てを解除することで仮想マシンコストをゼロにすることができます。また、仮想マシンのスケールセットを使うことで、負荷に応じてサーバー台数を増減できます。料金計算ツールには、こうした台数調整を考慮する機能がないため、総稼働時間を自分で入力する必要があります。
　また、クラウドを使うことによる管理コストの削減効果も反映されていません。たとえば、Azureを使うことでハードウェア管理とデータセンター管理の手間からは完全に解放されます。利用するサービスによってはOSの保守業務も大幅に軽減されるでしょう。こうした費用節約効果は料金計算ツールではわかりません。
　「総保有コスト（TCO）計算ツール」は、管理コストの削減効果を可視化するツールです。総保有コスト（TCO）計算ツールを使用するには、次の3つの手順を行う必要があります。

・ワークロードの定義
・前提条件の調整
・レポートの表示

●ワークロード（処理の種類）の定義

　オンプレミスのサーバー利用状況を入力します。この情報は、対応するAzureサービスを推定し、Azureの利用料金を算出するために使われます。ここでは4つのグループに分けて、オンプレミス環境の詳細をTCO計算ツールに入力します。

・**サーバー**…現在のオンプレミスサーバーの詳細情報を入力します。
・**データベース**…オンプレミスのデータベース情報の詳細を入力します。
・**ストレージ**…オンプレミスのストレージ情報の詳細を入力します。
・**ネットワーク**…オンプレミス環境で現在使用しているネットワーク帯域幅の情報を入力します。

●前提条件の調整

　総保有コスト（TCO）計算ツールの精度を上げるため、次のような前提条件を指定します。

・ソフトウェアアシュアランスの有無（後述するAzureハイブリッド特典が適用
　されます）
・geo冗長ストレージ（GRS）の有無（必要以上の冗長化は余分なコストがかか
　ります）
・仮想マシンのコスト（コストは安いが低速なBシリーズを使用するかどうか）
・電力コスト
・ストレージ調達コスト
・IT人材コスト
・その他のコスト（サーバーラックのユニット数やサーバー調達コストなど）

●レポートの表示

　入力した情報と前提条件に基づいて詳細レポートが生成されます。このレポートでは、オンプレミス環境でのコストと、Azureを使用した場合のコストを比較できます。

【総保有コスト（TCO）計算ツール】

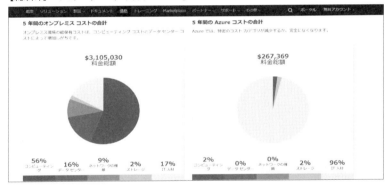

 総保有コスト（TCO）計算ツールは、Azureのサービス料金以外に人件費やデータセンターコストも含めて、オンプレミスとAzureの価格を比較します。

試験対策

7 コストの最適化

　コストを最適化するための最初のステップは、どこでどんなコストが発生しているか
を把握することです。そのために、まずは各リソースの単価を理解し、課金状況を調査
します。

　現状分析ができたら、不要なものを削除したり、構成を変更したりすることで、コス
トを最適化します。たとえば、Azure Firewallは強固なセキュリティ機能を持ちますが、
高価なサービスです。セキュリティリスクを検討した結果、NSG（ネットワークセキュ
リティグループ）で十分だと判断できれば大きなコストダウンが可能です。

　料金計算には、Azureの料金計算ツールが役に立ちます。また、オンプレミスからク
ラウドへ移行する計画を評価するには、総保有コスト（TCO）計算ツールが利用でき
ます。

　Azureのコストを最適化するには、以下のツールも使用できます。

・**コスト分析の実行**…現状の分析と予測を行います。
・**Azure Advisorの使用**…無駄なリソースのアドバイスを得ます。
・**Azureの使用制限の使用**…必要以上に使用しないようにします。
・**Azureの予約の使用**…継続的に使用するリソースに対して長期割引を適用します。
・**Azureハイブリッド特典の使用**…\Windowsなどの移動可能ライセンスを利用します。
・**タグを適用したコスト所有者の識別**…課金責任者を特定してコスト意識を高めます。

●コスト分析の実行

　コスト節約の最初のステップは現状の把握です。多くのコストを消費している
リソースであれば、少しの改善で大きな効果が得られます。特に仮想マシンは、
ほかのリソースと比べて非常に高価なので、1分でも稼働時間を短くする工夫をす
べきです。現状のコスト分析を行う機能として、Azure Cost Management内に「コ
スト分析」が提供されています。これにより、現在のコスト分析と将来の予測が
できます。

　Azureのサービスで最も高価なのが仮想マシンです。仮想マシンの稼働時間を
　減らすことで、全体の料金を大きく減らすことができます。

6

【コスト分析】

　Azure Cost Managementは、Azureポータルから「コストの管理と請求」→「コスト管理」で表示されるツールです。Azure Cost Managementは多くの機能が含まれるため、このあとで改めて説明します。

●Azure Advisorの使用

　第3章で説明したAzure Advisorを使用すると、未使用のリソースや使用率の低いリソースを発見できます。未使用のリソースを削除したり、使用率の低い仮想マシンのサイズを小さくすることで、コストを削減できます。

【Azure Advisor】

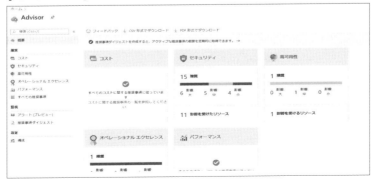

　Azure Advisorで各カテゴリを選択すると、そのカテゴリ内の推奨事項の一覧が表示されます。推奨事項を選択することで、さらに詳細を確認できます。また、実行できるアクションを選択して、問題を解決するための手順を確認することも可能です。

●Azureの使用制限の使用

　無料アカウントやメンバープランなど、毎月の使用枠が設定されたサブスクリプションには、無料使用枠内での使用制限機能が用意されています。設定された使用制限に達した場合、Azureでは新しい請求期間が開始されるまでサブスクリプションが一時停止されます。

　一時停止されたサブスクリプションでは、仮想マシンなどのすべてのサービスが停止し、新規リソースが作成できなくなります。

　使用制限機能は、従量課金などの一般のサブスクリプションでは使用できません。ただし、使用料があらかじめ決めた値を超えたときに警告を発生させることはできます。

【Azureの使用制限の設定と解除】

利用制限の設定と解除

6

●Azureの予約（RI）の使用

　Azureの予約（リザーブドインスタンス：RI）は、利用料金を1年または3年分、事前に支払うことで得られる割引制度です。仮想マシンの場合、従量課金料金を最大72%削減できます。

　予約によって提供された割引後の価格は、実際にリソースを実行したかどうかには影響されません。つまり、仮想マシンが起動していても停止していても同じ料金がかかります。

　割引は、予約時に指定したサイズのリソースであれば、自動的に適用されます。そのため、一度、仮想マシンを削除しても、同じサイズの仮想マシンを再生成すればそちらに対して予約価格が適用されます。「リザーブドインスタンス」という名称ですが、「特定のインスタンス（仮想マシン）に対する割引」ではなく、「指定したサイズの使用に対する割引」であることに注意してください。

試験対策　その仮想マシンを長期間利用することがわかっている場合、「予約（リザーブドインスタンス）」を使うことでコストを節約できます。

　Azureの予約はAzureポータルから購入できます。

【Azureの予約】

参考　たとえば、M8-4msサイズ（8仮想CPU・219 GBメモリ）をLinux（Ubuntu）で展開した場合、従量課金料金は1時間あたり249.5円ですが、3年予約では1時間あたり69.8円です。69.8÷249.5≒28%となり、72%の節約になっていることがわかります。

●Azureハイブリッド特典の使用

　一部のマイクロソフト製品には、移動可能ライセンスがあります。すでに保有しているライセンスをAzureに持ち込むことで、ライセンス分のコストを節約できます。これを**Azureハイブリッド特典**（Azure Hybrid Benefit：AHB）と呼びます。AHBはソフトウェアアシュアランス（SA）契約に基づくWindows ServerとSQL Serverで利用できます。

　AHBを利用する場合は、仮想マシン作成時に適切なライセンスを所有していることを申告します。

【Azureハイブリッド特典】

　Windows Serverの場合は、AHBを使うことで最大50%近い節約になります。これによって、ライセンス料金を必要としないLinux（Ubuntuなど）と同等の価格となります。

試験対策

Azureハイブリッド特典は、ソフトウェアアシュアランス（SA）に基づくWindows ServerとSQL Serverで利用できます。

●タグを適用したコスト所有者の識別

　タグを使用することで、さまざまな側面からコストを分析できます。たとえば、人事、営業、財務などの部門別、あるいは本番環境やテスト環境などの環境別にリソースにタグを付与しておけば、簡単にそれらの分類でコストを集計できるので、それに応じて社内でのコスト負担を分配するといったことが可能です。

　また、Azure Policyを使うとタグ付けを強制できます。サブスクリプションや管理グループにAzure Policyを適用し、特定のルールに基づいたタグ付けを強制すれば、タグの設定漏れを防止できます。Azure Policyではタグの内容の正当性までは検査できないので、意図的に「正しくない情報」をタグとして設定することも可能ですが、一般にはそこまで疑う必要はないはずです。仮に、そうしたリスクが想定されるのであれば、RBACとAzure Policyを厳密に適用して、不要なリソースを作らせないようにしてください。また、アクティビティログと照合することで、誰による操作かを特定することも可能です。

【タグによる集計例】

試験対策　タグ付けは、Azureの使用料金の集計によく使われます。

8 Azure Cost Management

Azure Cost ManagementはAzureの利用コストの計画、分析、最適化を行うツールです。無料で提供されており、次のようなコスト管理機能が利用できます。

- **コスト分析**…コストに関するレポートを表示します。また、タグを使用してリソースを分類できます。
- **予算**…予算を設定して、使用料が予算を超過しそうになった時点で、アラートによって通知やアクションを実行するよう構成できます。
- **アラート**…予算の使用率に応じて、複数のアラートを作成できます。
- **アドバイザーの推奨事項**…未使用状態のリソースを検出し、コスト削減の推奨事項を表示します。

【Azure Cost Management】

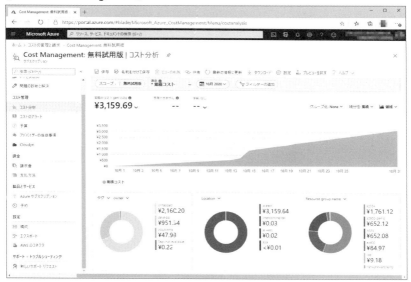

 CSP（クラウドソリューションプロバイダー）経由でサブスクリプションを契約した場合は、Azure Cost Managementを使用できない場合があります。契約しているCSPに連絡して、利用を許可してもらってください。

6-2 サポートオプション（試験範囲外）

2020年11月から、サポートオプションがAZ-900の試験範囲から外れました。しかし、実際のAzure運用では重要なオプションなので、本書では参考情報として取り上げます。

1 Azureのサポート契約

　AZ-900試験でサポートオプションが試験範囲外になったのは、クラウドソリューションプロバイダー（CSP）経由の売り上げが伸びてきた（またはマイクロソフトの販売戦略としてCSPを伸ばしてきた）ためだと推察されます。CSP経由のサブスクリプションでは、1次サポートはCSPが行います。そのため、マイクロソフトが提供するサポートオプションは使えません。

　しかし、Webダイレクト（従量課金）とエンタープライズアグリーメントによるAzure利用者にとって、どのようなサポートプランが存在しており、それぞれどのようなサービスが提供されているのか理解しておくことは重要です。

　そこで、AZ-900試験では出題されないと思われますが、実際の運用では欠かすことができないこれらの概要について、簡単に説明しておきます。

2 サポートプランのオプション

　Microsoft Azureでは、「Basic」「Developer」「Standard」「Professional Direct」「Premier」の5種類のサポートプランが準備されており、「Basic」以外は有償サポートになります。それぞれのサービス内容には違いがあり、月額の料金も異なります。

【Azureで提供されているサポートオプション】

	Basic	Developer	Standard	Professional Direct	Premier
適用範囲	すべてのマイクロソフトAzureアカウント	試用環境および非運用環境	運用ワークロード環境	ビジネス上重要な用途での利用	複数製品で多用
サポートの範囲	課金およびサブスクリプション	Microsoft Azure	Microsoft Azure	Microsoft Azure	マイクロソフトのすべての製品
サポートリクエスト後の対応	なし	営業時間内（メールのみ）	24時間365日（メール／電話）	24時間365日（メール／電話）	24時間365日（メール／電話）
問い合わせ数／範囲	なし	無制限	無制限	無制限	無制限
Azureで実行するマイクロソフト以外のテクノロジーサポート	なし	あり	あり	あり	あり
最短応答時間	なし	8時間以内	1時間以内（深刻度によって異なる）	1時間以内（深刻度によって異なる）	15分以内（深刻度によって異なる）
月額料金	なし	3,248円／月	11,200円／月	112,000円／月	問い合わせ

　たとえば24時間365日電話でのサポートを希望する場合は、最低限「Standard」プランを契約する必要があります。

3　サポートリクエスト

　Azureでは**サポートリクエスト**（サポートチケットとも呼ばれる）を作成して管理できます。サポートリクエストを使うことで、Azureに関するさまざまなサポートを受けることができます。ただし、技術的なサポートを受けるためには適切なサポートプランが必要になります。
　サポートリクエストはAzureポータルの「ヘルプとサポート」から作成します。

【サポートリクエスト】

Basicプラン（無償）のサポート範囲は課金関係とサブスクリプション契約に関するものに限られます。技術的なサポートは一切ないので注意してください。

4 その他のサポートプランチャネル

Azureの公式サポートプラン以外にも利用可能なさまざまなサポートチャネルがあります。ここでは日本語で利用されているものを中心に紹介します。

・Microsoft Developer Network（MSDN）
https://social.msdn.microsoft.com/Forums/ja-JP/home?category=azure
MSDN Azureディスカッションフォーラムは、Azureの技術的な質問に対する電子掲示板です。基本的には技術者同士によるコミュニケーションの場ですが、マイクロソフトのサポート担当者から解答を得られることもあります。英語版のフォーラムではAzureの開発担当者が直接対応する場合もあります。

・Microsoft Azureブログ
https://azure.microsoft.com/ja-jp/blog/
マイクロソフト社員によるブログで、英語からの翻訳記事も多数あります。公式情報に準じる位置付けであり、公式ドキュメントの次に信頼できる情報です。

・Azure Feedback Forums
https://feedback.azure.com/
AzureユーザーによってAzureを改善するためのアイデアや提案が投稿されています。英語でのコミュニケーションが必要です。

6

6-3 サービスレベルアグリーメント(SLA)

Azureが提供するサービスの品質を定義した契約が「サービスレベルアグリーメント (SLA)」です。ここではAzureのSLAの概要について説明します。

1 SLAとは

　利用者がいくら安全で便利なサービスを構築しようとしても、土台となるAzureでたびたび障害が発生するようでは、信頼できるサービスは提供できません。そのため、Azure自体の信頼性は非常に重要な問題です。

　サービス提供者が保証する品質のことを**サービスレベルアグリーメント（SLA）** と呼びます。SLAは、サービス提供者と利用者の合意事項であり、一種の契約です。Azureを使うユーザーは、AzureのSLAに同意したと見なされます。Azureの場合は、マイクロソフトと利用者の契約です。

2 AzureのSLA

　AzureのSLAは、稼働時間と接続などに関するサービスを保証する契約で、サービスごと（たとえば仮想マシンやストレージ別）に存在します。最も一般的なSLAに**月間稼働率**があり、以下の式で算出します。

　月間稼働率(%)＝(最大利用時間(分)－ダウンタイム(分))÷最大利用時間(分)×100

　たとえば、1ヶ月30日の場合、30日×24時間×60分＝43,200分が最大利用時間になります。停止時間が120分あった場合、(43,200分－120分)÷43,200分≒0.997＝99.7%となります。

　AzureのSLAに含まれる主な稼働率を次の表にまとめたので参考にしてください。なお、AzureのSLAは月間稼働率のみが定義されており、年間では評価されません。年間停止時間はあくまでも参考値です。

【稼働率と月間、年間のダウンタイム】

稼働率	停止時間／月	停止時間／年
99.99%	4.32分	52.56分
99.95%	21.6分	4.38時間
99.9%	43.2分	8.76時間
99.5%	3.6時間	1.8日
99%	7.2時間	3.65日

試験対策　SLAの評価は1ヶ月単位で行います。

　Azureが提供するほとんどのサービスは、稼働時間目標が99.9%から99.99%の範囲内で定義されています。たとえば、仮想マシンに関してのSLAは以下のような内容になっています。また、稼働時間以外にもサービスごとに個別のSLAが定義されています。

【仮想マシンのSLA】

	SLA
2つ以上の可用性ゾーンにある2台以上の仮想マシン	99.99%
同じ可用性セットにある2台以上の仮想マシン	99.95%
Premium SSDまたはUltra SSDを使用する単一仮想マシン	99.9%
Standard SSDを使用する単一仮想マシン	99.5%
Standard HDDを使用する単一仮想マシン	95%

6

　SLAは随時改訂されます。たとえば初期のAzureでは単独の仮想マシンに対するSLAは未定義でした。その後、Premium SSDで構成された仮想マシンのSLAが追加され、2020年7月からStandard HDDおよびStandard SSDで構成された仮想マシンのSLAが追加されました。

試験対策　Azureの仮想マシンのSLAは、複数台を可用性ゾーンに配置した場合が99.99%、可用性セットの場合が99.95%です。

ここでは、Azureのサービスが登場してから廃止するまでの周期「ライフサイクル」について説明します。

1 Azureのサービスライフサイクル

　Azureは、多くのパブリッククラウドと同様、頻繁に機能の追加や変更が行われます。新しいサービスを、いつ頃からどのように使い始めるのかを見極めることは重要です。
　Azureのサービスライフサイクルを下図にまとめました。ごくまれに例外もありますが、ほとんどはこのようなステップを踏んで提供されます。

【Azureのサービスライフサイクル】

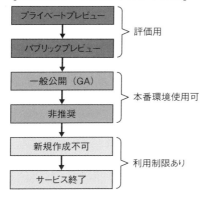

2 プレビュー

　Azureでは、評価を目的に、サービスや機能の**プレビュー**（先行公開）を提供しています。これにより、利用者は新しい機能を早期にテストすることができます。また、プレビューとして提供される機能に対して改善要求を提供することで、より良いサービスを実現できます。

プレビュー機能には、次の2つのカテゴリがあります。

- **プライベートプレビュー**…特定の顧客のみが評価目的で利用できます。大きな変更が加えられる可能性があるため、本番環境での利用は避けてください。
- **パブリックプレビュー**…すべての顧客が評価目的で利用できます。本番環境での利用は推奨されませんが、サービス仕様はほぼ確定しているため、本番環境への導入を前提に評価できます。マイクロソフトカスタマーサポートサービスは、この段階でも一定のサポートサービスを提供します。

プレビューは原則として無償で提供され、SLAは定義されません（無料の場合、SLAに違反しても返金するものがありません）。

試験対策 限定されたユーザーだけが使える状態が「プライベートプレビュー」、誰でも使えるのが「パブリックプレビュー」です。ほとんどのプレビューは無料または安価で試用できますが、その代わりにSLAが設定されていません。

試験対策 パブリックプレビューを運用環境で使うことは推奨されません。

Azureポータルを使用して、一般に公開されているプレビュー機能の一覧を表示できます。プレビュー機能を確認するには、Azureポータルの「リソースの作成」をクリック後に、検索ボックスで「プレビュー」または「preview」と入力します。

6

【プレビュー機能】

Azureのプレビュー機能には、それぞれ個別の利用規約が与えられます。これらのプレビュー固有の利用規約は、既存のサービス契約より優先されます。

なお、ごくまれにパブリックプレビュー（公開評価期間）を飛ばしてGA（一般公開）になることがあります。また、プレビューの結果、利用者の評価が低かったり、技術的な課題が見つかったりした場合は、GAにならずに廃止されることもあります。

プレビュー機能はAzureポータルで確認できます。

パブリックプレビューの機能は原則としてMCP試験に出題されません。しかし、例外的に出題範囲に入ることもあるようです。定期的に公式ページ（https://docs.microsoft.com/ja-jp/learn/certifications/exams/az-900）を参照して、試験項目に変更がないか確認するようにしてください。また、管理ツールやWebサイトの更新が遅れることがあり、「プレビュー」と表記されていても、実際には正式版（一般公開：GA）になっている場合があります。

パブリックプレビューではサービス仕様がほぼ固定され、本番環境への利用を前提に評価が行われることが増えてきます。これに対して、プライベートプレビューは、顧客からの改善要求などによって仕様が大きく変更される可能性が高くなっています。

3　一般公開（GA）とサービス停止

プライベート、パブリックプレビューの終了後、サービスが正常に機能することが評価されると、Azureの一部として正式に一般公開されます。これを**GA（General Availability：一般公開）**と呼びます。GAとなったサービスは標準価格が設定され、SLAが定義されます。

サービスが使われなくなったり、代替サービスが登場した場合はサービスが廃止されます。通常、サービスの廃止は以下の段階で行われます。

・**非推奨**…従来と同じように使えます。新規作成は推奨されませんが可能です。
・**新規作成不可**…作成済みのサービスは使えますが、新規作成はできません。

・**サービス終了**…サービスが利用できなくなります。

試験対策　　　一般公開（GA）以降はSLAが設定され、正規の使用料が課せられます。

4　Azureの更新情報の取得

　毎月のように登場する新機能を知るため、Azureの更新情報ページが提供されています。以下のURLから、Azure製品、サービス、機能に関する更新情報と製品ロードマップ、それに最新情報などを参照できます。

・「Azureの更新情報」
　https://azure.microsoft.com/ja-jp/updates/

ここでは次の内容を確認できます。

・Azure更新情報の詳細確認
・提供中（一般公開）、プレビュー、開発中の更新情報の確認

これらは以下の機能を使ってフィルターや検索ができます。

・**製品カテゴリまたは更新情報の種類別の参照**…表示されているドロップダウンリストを使います。
・**キーワード検索**…テキスト入力フィールドに検索語句を入力して、更新情報を検索できます。

　また、RSSフィードを購読しておくと、Azureの更新情報を随時、受け取ることができます。

演習問題

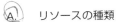 Azureのコストに影響を与える要因として、適切なものはどれですか。正しいものをすべて選びなさい。

    A.　リソースの種類
    B.　アプリケーション、管理ツールなどを開く際に使用するブラウザーの種類
    C.　場所(リージョン)
    D.　データ転送トラフィック

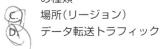 料金計算ツールで選択できるオプションの説明として、適切なものはどれですか。正しいものをすべて選びなさい。

    A.　リージョン(地域)
    B.　OS
    C.　サポート
    D.　オンプレミスと比較したコスト削減額

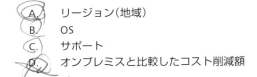 総保有コスト(TCO)計算ツールに関する説明として、最も適切なものはどれですか。正しいものを1つ選びなさい。

    A.　ワークロードをオンプレミスからAzureに移行することで実現可能なコスト削減を見積もることができる
    B.　Azure製品の構成とコストの見積もりを正確に行うことができる
    C.　Azure全体で使用されるデータトラフィックの料金を見積もることができる
    D.　他社クラウド製品からAzureに移行することで実現可能なコスト削減を見積もることができる

4 Azureのコストを最適化するために使用できる有効なツールとして、最も適切なものはどれですか。正しいものを1つ選びなさい。

    A.   Azure Monitor
    B.   ストレージアカウント
    C.   Azure Advisor
    D.   リソースプロバイダー

5 3年以上使用することが予想されるLinux仮想マシンをAzure上に展開します。このとき、仮想マシンのコストを抑えるために最も効果的なものを1つ選びなさい。

    A.   Azureの使用制限
    B.   Azureハイブリッド特典
    C.   Azure Cost Management
    D.   リザーブドインスタンス(RI)

6 一般公開(GA)に関する説明として、最も適切なものはどれですか。正しいものを1つ選びなさい。

    A.   プライベートプレビューの終了後、すぐに一般公開(GA)される
    B.   一般公開(GA)後、はSLAが設定され、すぐにマイクロソフトのサポートを受けることができる
    C.   一般公開(GA)後、一定期間を過ぎて問題がなければマイクロソフトのサポートを受けることができる
    D.   パブリックプレビューの終了後、機能が正常に評価およびテストされた場合は必ず一般公開(GA)される

6

7 ある組織では複数の部門でAzureを使用しています。この場合に部門ごとの使用量のレポートを出したいと思います。使用するツールとして最も適切なものを1つ選びなさい。

    A.   タグ
    B.   管理グループ
    C.   ポリシー
    D.   リソースグループ

8 2つの障害ドメインと5つの更新ドメインで構成される可用性セットがあります。この可用性セットに2台の仮想マシンを展開したとき、少なくとも1台の仮想マシンが稼働するSLAとして、正しいものを1つ選びなさい。

    A.　99.5%
    B.　99.9%
    C.　99.95%
    D.　99.99%

9 Azureサービスのパブリックプレビューに関する説明として、正しいものをすべて選びなさい。

    A.　すべてのユーザーに公開される
    B.　ユーザーからのフィードバックを目的としている
    C.　すべての機能は有償で提供される
    D.　ベストエフォートSLAが設定される

10 あるAzureサービスは複数のサブスクリプションにわたってAzureリソースのコンプライアンスを管理します。このAzureサービスとして最も適切なものを1つ選びなさい。

    A.　タグ
    B.　リソースグループ
    C.　Azure Resource Manager（ARM）
    D.　Azure管理グループ

解答

1 **A、C、D**

Azureの使用料はリソースの種類ごとに単価が設定されています。単価は
リージョンごとに違う場合があります。また、インターネットへのデータ
転送や、リージョン間のデータ転送などは課金対象になります。

2 **A、B、C**

料金計算ツールでは、料金にかかわる構成を選択できます。リージョンご
との単価、OSのライセンス価格（Windowsの場合）、サポート契約の単価
などを考慮して、合計金額を算出します。オンプレミスと比較したコスト
削減額の概算は「総保有コスト（TCO）計算ツール」の機能であり、「料金
計算ツール」では算出されません。

3 **A**

TCO計算ツールは、IT環境をオンプレミスからAzureに移行することで、IT
コストや運用コストがどれくらい変わるかを算出するツールです。クラウ
ド間の移行は考慮していません。また、個々のサービス価格の詳細を正確
に算出することはできないため、見積もりツールとして使用することは想
定されていません。

4 **C**

Azure Advisorは、コストに関するアドバイスを提示します。Azure Monitor
にはAzure Advisorへのリンクが含まれるため、結果的にMonitorを経由して
情報を得ることはできますが、実際にはAzure Advisorの機能です。

5 **D**

長期利用する仮想マシンのコスト削減に効果的なのは「リザーブドインス
タンス」です。Azureハイブリッド特典は利用期間にかかわらずコスト削
減が可能ですが、Linuxでは利用できません。Azureの使用制限はコスト削
減効果がありませんし、運用で使うサブスクリプションでは利用できませ
ん。Azure Cost Managementはコスト情報の表示や分析を行いますが、コ
スト削減機能は持ちません。

6 B

新しいサービスは、プライベートプレビューのあと、パブリックプレビューを経て一般公開（GA）されます。GAになるとSLAが設定され、同時に正式なサポート対象となります。なお、パブリックプレビューのあと、GAにならずに終了するサービスもあります。

7 A

リソースに対して部門ごとのタグを追加することで、部門ごとの使用料を集計できます。管理グループやポリシーには集計機能はありません。リソースグループは使用料の集計機能を持ちますが、1つのリソースは1つのリソースグループにしか所属できず、リソースグループの変更は手間がかかるため、柔軟性に欠けます。

8 C

仮想マシンのSLAは、単一仮想マシンの場合Standard HDDで95%、Standard SSDで99.5%、Premium SSDで99.9%です。また、2つ以上の障害ドメインで構成された可用性セットに複数の仮想マシンを配置した場合は99.95%、2つ以上の可用性ゾーンに複数の仮想マシンを分散配置した場合は99.99%です。

9 A、B

パブリックプレビューは、すべてのユーザーに公開され、ユーザーからのフィードバックを得る代わりに原則として無料で提供されます。SLAは設定されません。

10 D

Azure管理グループを使うことで、複数のサブスクリプションにまたがったポリシーを構成できます。これにより、複数のサブスクリプションにまたがったコンプライアンス管理が可能になります。これ以外の選択肢の機能は、サブスクリプションをまたがった構成は不可能であったり、困難であったりします。

索 引

た行

■著者

横山　哲也（よこやま・てつや）
● 序章および第1章、全体の監修を担当。
● トレノケート株式会社でWindowsおよびAzureの研修を担当。著書に『ひ
  と目でわかるAzure 基本から学ぶサーバー＆ネットワーク構築 第3版』（日
  経BP）などがある。マイクロソフト認定トレーナー（MCT）、Microsoft
  Certified: Azure Fundamentals、Microsoft Certified: Azure Administrator
  Associate、Microsoft Certified: Azure Solutions Architect Expert、AWS
  認定クラウドプラクティショナー。
● 好きなクラウドサービスは仮想マシンイメージ。

伊藤　将人（いとう・まさひと）
● 第2章、第3章、第5章（「AzureのIDサービス」以外）を担当。
● 株式会社ブロディ代表取締役。トレノケート株式会社でWindowsおよび
  Azureの研修を担当。著書に『徹底攻略MCTS問題集』（インプレス）シ
  リーズなどがある。マイクロソフト認定トレーナー（MCT）、Microsoft
  Certified: Azure Fundamentals、Microsoft Certified: Azure Administrator
  Associate、Microsoft Certified: Azure Solutions Architect Expert。
● 好きなクラウドサービスはもちろんAzure IaaS。

今村　靖広（いまむら・やすひろ）
● 第4章、第5章（AzureのIDサービス）、第6章を担当。
● トレノケート株式会社でSQL ServerおよびAzureの研修を担当。マイクロ
  ソフト認定トレーナー（MCT）、Microsoft Certified: Azure Fundamentals、
  Microsoft Certified: Azure Administrator Associate、Microsoft Certified:
  Azure Data Engineer Associate。
● 好きなクラウドサービスはSQLデータベース。

トレノケート株式会社
● 1995年より「Global Knowledge Network」としてIT教育を中心とした
  人材育成サービスを提供。2017年ブランド名および社名をTrainocate（ト
  レノケート）に変更。TrainocateはTrainingとAdvocateの合成語。
● http://www.trainocate.co.jp/

STAFF
編集・制作　　株式会社トップスタジオ
表紙デザイン　馬見塚意匠室
　　　　　　　阿部 修（G-Co. Inc.）

デスク　　　千葉加奈子
編集長　　　玉巻秀雄

本書のご感想をぜひお寄せください

https://book.impress.co.jp/books/1119101171

読者登録サービス CLUB impress	アンケート回答者の中から、抽選で商品券（1万円分）や図書カード（1,000円分）などを毎月プレゼント。当選は賞品の発送をもって代えさせていただきます。

■ 商品に関する問い合わせ先

インプレスブックスのお問い合わせフォームより入力してください。

https://book.impress.co.jp/info/

上記フォームがご利用頂けない場合のメールでの問い合わせ先

info@impress.co.jp

● 本書の内容に関するご質問は、お問い合わせフォーム、メールまたは封書にて書名・ISBN・お名前・電話番号と該当するページや具体的な質問内容、お使いの動作環境などを明記のうえ、お問い合わせください。
● 電話やFAX等でのご質問には対応しておりません。なお、本書の範囲を超える質問に関しましてはお答えできませんのでご了承ください。
● インプレスブックス（https://book.impress.co.jp）では、本書を含めインプレスの出版物に関するサポート情報などを提供しておりますのでそちらもご覧ください。
● 該当書籍の奥付に記載されている初版発行日から3年が経過した場合、もしくは該当書籍で紹介している製品やサービスについて提供会社によるサポートが終了した場合は、ご質問にお答えしかねる場合があります。

■ 落丁・乱丁本などの問い合わせ先

TEL 03-6837-5016
FAX 03-6837-5023
MAIL service@impress.co.jp
（受付時間／10:00〜12:00、13:00〜17:30 土日、祝祭日を除く）

● 古書店で購入されたものについてはお取り替えできません。

■ 書店／販売店の窓口

株式会社インプレス 受注センター
TEL 048-449-8040
FAX 048-449-8041
株式会社インプレス 出版営業部
TEL 03-6837-4635

徹底攻略

マイクロソフト アジュール ファンダメンタルズ
Microsoft Azure Fundamentals教科書 [AZ-900] 対応

2021年5月21日 初版発行

著　者	横山 哲也／伊藤 将人／今村 靖広
発行人	小川 亨
編集人	高橋 隆志
発行所	株式会社インプレス 〒101-0051　東京都千代田区神田神保町一丁目105番地 ホームページ　https://book.impress.co.jp/

印刷所　日経印刷株式会社

ISBN978-4-295-01141-5　C3055

Printed in Japan

※本書籍の構造・割付体裁は株式会社ソキウス・ジャパンに帰属します。